麦田害虫及天敌图鉴

● 张 智　张云慧　编著

中国农业科学技术出版社

图书在版编目（CIP）数据

麦田害虫及天敌图鉴 / 张智，张云慧编著 . -- 北京：中国农业
科学技术出版社，2022.3
ISBN 978-7-5116-5706-0

Ⅰ . ①麦…　 Ⅱ . ①张…　 ②张…　 Ⅲ . ①麦田害虫—中国—图
集　②麦类害虫—害虫天敌—中国—图集　 Ⅳ . ① S435.122-64

中国版本图书馆 CIP 数据核字（2022）第 040143 号

责任编辑　姚　欢
责任校对　贾海霞
责任印制　姜义伟　王思文

出 版 者　中国农业科学技术出版社
　　　　　　北京市中关村南大街 12 号　邮编：100081
电　　话　（010）82106631（编辑室）（010）82109704（发行部）
　　　　　　（010）82109702（读者服务部）
传　　真　（010）82106631
网　　址　http://www.castp.cn
经 销 者　各地新华书店
印 刷 者　北京建宏印刷有限公司
开　　本　170 mm × 240 mm　16 开
印　　张　14.25
字　　数　200 千字
版　　次　2022 年 3 月第 1 版　2022 年 3 月第 1 次印刷
定　　价　60.00 元

《麦田害虫及天敌图鉴》
编委会

主编著 张　智　张云慧

编著成员（按姓氏笔画排序）

马　景	王　莉	王　燕	王泽民	勾建军
尹祥杰	申洪利	朱　勋	齐　琨	江庆红
李庆国	李利平	李保俊	李恒羽	李健荣
李祥瑞	杨伍群	杨俊杰	宋梁栋	张小龙
张方梅	张占龙	张圣菊	张如意	张金良
岳　瑾	赵一安	赵云娟	胡名凤	胡良燕
柳　凡	秦建芳	袁　伟	袁冬贞	郭书臣
郭丽伟	寇　爽	彭　红	谢　龙	谢爱婷
赛丽蔓·马木提	穆常青	魏新政		

　　小麦是我国种植面积最大的农作物，据国家统计局信息，2021 年小麦播种面积 35 335 万亩（2 357 万 hm^2），产量 1 369.5 亿 kg，小麦丰收在国家粮食安全方面具有不可替代的作用。我国小麦分冬小麦和春小麦，长城以南主要种植冬小麦，长城以北主要种植春小麦，我国种植以冬小麦为主。冬小麦在华北平原一般 10 月上旬开始播种，至翌年 5—6 月收获，生育期 230 天左右。也就是说，如果一粒小麦种子从播种至成熟，需要 230 多天，历经一系列磨难才能喜获丰收。在小麦历险过程中，植物病虫害引发的灾害是非常重要的磨难，需要生产者认真进行防控，才能做到"虫口病口夺粮"。病虫防控的基础在识别，关键在措施，既要对症下药，也需药到症除。但是，当前受经营体制的影响，我国小麦生产者的病虫防控总体水平还有待提升。另外，随着《农作物病虫害防治条例》（简称《防治条例》）于 2020 年 5 月 1 日正式施行，病虫害防控也面临着新的形势。《防治条例》的出台明确了防治责任，健全了防治制度，规范了专业化防治服务，开启了植物保护事业的新纪元。《防治条例》规定对病虫害实行分类管理，在病虫害监测与预报、预防与控制、应急处置等方面都出台了具体规定。与过去相比，病虫害监测预报的内容特别增加了害虫主要天敌种类、分布与种群消长情况。新形势提出新要求，新手段需要新标准，但病虫识别仍在病虫防控工作中发挥重要的基础支撑作用。

　　提起病虫识别，我想起 2020 年在北京怀柔下乡时遇到的一件小事。当时小麦病虫发生比较轻，没有必要防控，但是当我和一起下乡的同事走到怀柔区杨宋镇附近时，看到一名农妇正在麦田打药，地头的老人正在帮忙取水配药，好奇心驱使我们前去询问"打药防治什么"。他们回答"地里生了瓢虫，特别多，要抓紧打一下"。我们走进地里，确实看到了很多瓢虫，有异色瓢虫、龟纹瓢虫和多异瓢虫等，这些瓢虫非但不是为害小麦的罪魁祸首，反而是吃蚜虫的天敌朋友。接下来，我们苦口婆心劝了半天，告诉他们这些瓢虫绝对不会像不良农药经销商说的那样咬麦子。最终，他们停止了打药。但这件小事让我们意识到，基层还需要更多的识别知识，认清楚哪些是害虫、哪些是天敌，哪些害虫需要防控、哪些天敌需要保护。也正是这件小事促使我下定决心编写这本书，以便帮助生产者更好地认识小麦害虫与天敌。

本书收录了常见、新发和偶发的小麦害虫，种类比较齐全，以图文并茂的方式展现，供一线生产者查阅。图片和经验很多都是一线工作同志多年积累的结果。根据新形势，我们列出了最重要的天敌种类，并在最后一章介绍了小麦全生育期绿色防控技术，希望基层同志能快速掌握并更好地趋利避害，提高小麦品质。本书得到国家现代农业（小麦）产业技术体系（CARS-03）、国家自然科学基金（31972260）、中国农业科学院创新工程等项目资助。由于作者水平有限、资料有限，书中不足在所难免；另外，部分种类未找到相应的图片，也给识别带来困难。在此，敬请读者谅解并欢迎批评指正，欢迎更多的基层工作同志提供材料，以便将来不断改进。

编者 张云

2021 年仲夏于北京

目　录
CONTENTS

缨翅目

其他有害生物

天　敌

绿色防控

鳞翅目害虫

第一章
白眉野草螟

1.1 分类地位

白眉野草螟 *Agriphila aeneociliella*（Eversmann），隶属于鳞翅目螟蛾总科草螟科野草螟属。

1.2 分布与寄主

国外分布于欧洲东部、朝鲜半岛及日本等地域，我国分布于北方地区的新疆、山东、河北、青海、陕西、甘肃、黑龙江等地。幼虫喜食禾本科植物，如小麦等。

1.3 形态特征

成虫： 白眉野草螟成虫区别于其他近似种的主要特征为前翅前缘与亚前缘脉间有银白色纵带。雄虫前翅长 10~12 mm，橘黄色，较鲜亮，体细长。头部复眼为墨绿色，触角线状，深褐色，额向前突出，覆盖黄色鳞片。下唇须长而前伸，长度约是头长的 3 倍。下颚须呈三角形，浅黄褐色。喙卷曲成圆盘状，基部覆鳞。前翅前缘下方与翅中部各具 1 条银白色纵带，自基部伸向外缘，条带长约为翅长的 4/5，基部宽，端部窄，在白色条带外缘散生黑色小点。后翅及腹部淡黄色。雌虫体色较雄虫浅，呈灰黄色，较暗淡，体肥胖。前翅与雄虫相似，但呈灰黄色（图 1.1–图 1.2）。

卵： 椭圆形，卵长 0.48~0.52 mm，卵宽 0.33~0.61 mm，散产，初为淡黄色，有光泽，后变为酒红色，孵化前成暗红色。卵壳表面有纵棱，贯穿两端，部分分叉（图 1.3）。

幼虫： 一般有 6 个龄期。老熟幼虫体长 11 mm 左右，体宽 2.5 mm 左右（图1.4）。初孵幼虫体色粉红色，后逐渐变为褐色，胸腹部均具毛片，着生 1~2 根刚毛，毛片褐色至深褐色。头部黑褐色，额区与颊区均为黑褐色，单眼 6 个。前胸

盾片黑褐色。前胸侧面气门前方与下方均具 1 枚毛片，各着生 2 根刚毛。中胸与后
胸背面左右两侧各有 2 枚毛片，着生 2 根刚毛。气门前侧毛片 2 根刚毛，后侧毛
片 1 根刚毛，下方毛片 1 根刚毛。腹部背面左右各具 3 枚毛片，呈三角形排列，分
别着生 1 根刚毛，臀板褐色。腹部侧面气门附近具 1 枚毛片，着生 2 根刚毛（第 9
节 1 根），下方具 1 枚毛片，着生 1 根刚毛，第 10 节肛侧片着生 3 根刚毛。腹足 5
对，分别位于第 3~6 节与第 10 节，腹足趾钩双序环状，臀足趾钩双序半圆形。

蛹：纺锤形，长 9.14~11.23 mm，宽 2.03~2.73 mm，重 35~51 mg，化蛹初
期为淡黄色，后逐渐变为褐色（图 1.5）。

图 1.1　白眉野草螟（雌）

图 1.2　白眉野草螟（雄）

图 1.3 白眉野草螟
卵（初产）

鳞翅目害虫·白眉野草螟

图 1.4 白眉野草螟
老熟幼虫

图 1.5 白眉野草螟
蛹

1.4 生活习性

近年来，在山东莱州市北部地区，春季常出现大片小麦枯死现象，农户误认为是冻害，并未引起注意。2010 年 4 月，当地植保部门在疑似冻害麦田中发现一种为害小麦根或茎基部的害虫，经室内饲养，首次证实为白眉野草螟。2010 年至今的监测表明，该害虫在山东省莱州市、青岛市和山西省晋城市泽州县等地时有发生，发生地块一般有虫 5~20 头 /m²，严重的 30 头 /m²。研究表明，白眉野草螟每年发生 1 代，以低龄幼虫在禾本科植物基部越冬。越冬幼虫 2 月底至 3 月初开始取食为害，4 月小麦返青是为害关键期，5 月上旬幼虫发育至 6 龄，老熟幼虫结土茧在田间进入夏滞育。白眉野草螟是专性滞育昆虫，滞育时间约 125 天，滞育幼虫于 9 月上旬打破滞育在土茧内化蛹，9 月下旬羽化出成虫。9 月下旬至 10 月中旬成虫交配产卵，卵散产于土表或土缝间，10 月下旬，卵孵化出幼虫，低龄幼虫在秋冬季低温环境下发育较慢，发育至 2、3 龄后进入越冬状态。

1.5 为害特点

白眉野草螟幼虫为害与二点委夜蛾、地老虎等常见地下害虫易混淆。幼虫白天吐丝结网藏于根茎处或土缝间，夜晚出来取食，咬食小麦苗茎基部及叶片，受害严重的麦苗被齐根咬断，致使麦苗萎蔫枯死，造成缺苗断垄现象，有时可造成严重损失（图 1.6-图 1.9）。

图 1.6 幼虫为害根部

鳞翅目害虫·白眉野草螟

图 1.7　幼虫为害小麦苗基部

图 1.8　幼虫为害小麦根及基部

图 1.9　2015 年青岛个别小麦田严重受害

第二章
棉铃虫

2.1 分类地位

棉铃虫 *Helicoverpa armigera*（Hübner）隶属于鳞翅目夜蛾科。

2.2 分布与寄主

棉铃虫属于世界性重大害虫，分布于北纬 50° 至南纬 50° 的欧洲、亚洲、非洲、澳大利亚各地，我国大部分地区均有分布。棉铃虫属于杂食性害虫，已知寄主有 20 科 200 余种，栽培作物中有玉米、小麦、高粱、番茄、豌豆、蚕豆、向日葵、西瓜等。

2.3 形态特征

成虫：体长 14~20 mm，翅展 27~40 mm。前翅体色变化较多，雌蛾前翅黄褐色，雄蛾灰绿色。内横线不明显，中横线很斜，末端达后缘，位于环状纹的正下方，亚外缘线波形幅度较小，与外横线之间呈褐色宽带，带内有 8 个白点，外缘有 7 个红褐色小点，排于翅脉间。环状纹具褐边，肾形纹褐色。后翅灰白色，翅脉褐色，中室末端有 1 条茶褐色斜纹，外缘有 1 条茶褐色宽带纹，带纹中有 2 个月牙白斑。复眼球形，绿色（图 2.1）。

卵：散产，近半球形，长 0.51~0.55 mm，宽 0.44~0.48 mm，顶部稍隆起，底部较平，中部常有 24~34 条纵棱。初产时乳白色或翠绿色，逐渐变为黄色。近孵化时，红褐色或紫褐色，顶部黑色（图 2.2）。

幼虫：可分为 5~6 龄，通常为 6 龄，老熟幼虫，背线一般有 2 条或 4 条，颜色多变，大致分为绿色、淡绿色、黄白色、淡红色 4 种，体表布满褐色和灰色小刺，头部黄色，有褐色网状斑纹，各体节有毛片 12 个（图 2.3- 图 2.7）。

蛹：长 17~20 mm，宽 4.2~6.5 mm，纺锤形，赤褐至黑褐色，腹末有一对

图2.1　棉铃虫成虫

图2.2　棉铃虫卵
（寄主为番茄）

图2.3　棉铃虫幼虫
（绿色）

图 2.4　棉铃虫幼虫
　　　　（淡绿色）

图 2.5　棉铃虫老的幼虫
　　　　（绿色）

鳞翅目害虫·棉铃虫

图 2.6　棉铃虫幼虫
　　　　（淡红色）

图 2.7 棉铃虫幼虫

臀刺，刺的基部分开。气门较大，围孔片呈筒状突起较高，腹部第 5~7 节的背面和腹面有 7~8 个马蹄形刻点，第 8、第 9 腹节后缘呈倒"V"形。点刻半圆形。大多数老熟幼虫入土化蛹，外被土茧。

2.4 生活习性

棉铃虫在我国发生代数自南向北逐渐增多，在北纬 40°以北地区，1 年发生 3 代，部分地区 2 代，少数 4 代，在北纬 32°~40°地区，1 年发生 4 代，在北纬 25°~32°的长江流域，1 年发生 5 代，在云南等南方地区，1 年可发生 7 代，冬季蛹不滞育。在滞育区，棉铃虫以蛹越冬，4 月底至 5 月初越冬蛹开始羽化，一代幼虫主要为害小麦、豌豆等。棉铃虫成虫具有很强的趋光性和趋半干杨树枝把的习性，飞行能力极强，可以远距离迁飞。在春季和秋季，蜜源植物较多时，白天可以看到成虫访花补充营养。幼虫非常活跃，具有自相残杀习性，可钻蛀为害。

2.5 为害特点

棉铃虫在麦田主要是钻蛀为害，低龄幼虫在小麦灌浆期钻入小穗，蛀食后，会留下明显的孔洞，孔洞周围残留白色的粒状粪便。当 1 粒小麦被吸食以后，幼虫可转移至其他小粒，继续吸食。幼虫老熟时，常常躲在旗叶附近，然后下坠入土化蛹（图 2.8－图 2.11）。

图 2.8 棉铃虫幼虫为害叶片

图 2.9 棉铃虫为害小麦穗

图 2.10 棉铃虫为害
小麦穗

鳞翅目害虫·棉铃虫

图 2.11 棉铃虫幼虫
造成蛀孔

第三章
草地贪夜蛾

3.1 分类地位

草地贪夜蛾 *Spodoptera frugiperda*（J. E. Smith），又名秋黏虫，隶属鳞翅目夜蛾科，是联合国粮农组织全球预警的重大迁飞性农业害虫。

3.2 分布与寄主

草地贪夜蛾起源于美洲热带和亚热带地区，2016 年，草地贪夜蛾通过货运从美洲传入非洲尼日利亚和加纳，至 2018 年，草地贪夜蛾基本遍布非洲撒哈拉沙漠以南大部分粮食产区，2018 年 5 月，草地贪夜蛾侵入印度，12 月侵入中南半岛部分地区。2018 年 12 月，草地贪夜蛾首次侵入我国云南省普洱市江城县，至 10 月 8 日，我国有 26 省（区、市）1 538 个县（市、区）发生草地贪夜蛾，其中有 91 县仅见成虫。草地贪夜蛾为杂食性害虫，幼虫可取食 76 科 350 多种植物，入侵我国后主要为害玉米、甘蔗、高粱、谷子、小麦、大麦、青稞、生姜、薏仁、辣椒、白菜、马铃薯、甘蓝等作物以及马唐、牛筋草等禾本科杂草。

3.3 形态特征

成虫：翅展 32~40 mm。雌雄特征差异较大。雄虫前翅深棕色，具黑斑和浅色暗纹，翅顶角向内有 1 个三角形白斑，环状纹后侧自翅外缘至中室有 1 条浅色斜纹，肾状纹内侧有白色楔形纹；后翅灰白色，翅脉棕色并透明（图 3.1）。雌蛾前翅圆形斑和肾形斑轮廓线黄褐色（图 3.2）。雄虫外生殖器抱握器正方形，抱器末端的抱器缘刻缺。雌虫交配囊无交配片。

卵：卵呈圆顶形，直径 0.4 mm，高为 0.3 mm。卵多产于叶片正面，通常 100~200 粒卵堆积呈块状，卵上多覆盖有鳞毛，初产时为浅绿或白色，孵化前渐变为棕色（图 3.3）。

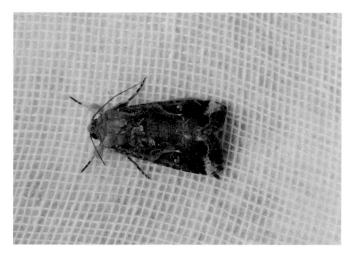

图 3.1　草地贪夜蛾（雄）

图 3.2　草地贪夜蛾（雌）

图 3.3　草地贪夜蛾卵块
　　　　（覆毛）

幼虫：一般有 6 个龄期，偶为 5 个，体色多变，有浅黄、浅绿、褐色多种。老熟幼虫体长 35~50 mm，头部具黄色倒"Y"形斑，背毛片黑色，腹部末节有呈正方形排列的 4 个黑斑。幼虫高密度时，末龄幼虫几乎为黑色（图 3.4-图 3.10）。

蛹：蛹呈椭圆形，红棕色，长 14~18 mm，宽 4.5 mm。老熟幼虫落到地上借用浅层（通常深度为 2~8 cm）的土壤做一个蛹室，在土沙粒包裹蛹茧内化蛹，有时亦可在寄主植物如玉米穗上或叶腋处化蛹。

3.4 生活习性

草地贪夜蛾具有远距离迁飞习性，无滞育习性，条件适合时可周年繁殖。在我国东部季风区的越冬北界位于北纬 32°~34°，此界线以北的华北、东北、华东、中南地区，冬季日平均温度等于或低于 0℃的天数超过 30 天以上时，不能越冬。根据其发生情况，我国一共划分为 3 个区域，即西南周年繁殖区、江淮迁飞过渡区和北方重点防范区。根据有效积温推测，东北、内蒙古东南部、河北东北部、山东东部、山西中北部、北京等地发生 2~3 代。北纬 33°~36°，包括江苏、上海、安徽、河南中南部、山东南部、湖北北部等地，每年发生 4~5 代。北纬 27°~33°，包括湖北中南部、湖南、江西、浙江、福建北部、江苏和安徽南部等地，每年发生 5~6 代；北纬 27°以南，广东南部、广西南部、福建东南部、海南、台湾等地，每年发生 6~8 代。成虫有趋光性，但较弱，幼虫有自残习性。

3.5 为害特点

草地贪夜蛾幼虫主要在越冬前为害麦苗，取食后可以造成白斑，也可以咬食茎基部，造成缺苗断垄。孕穗灌浆期，幼虫可以钻蛀小穗，蛀食正在灌浆的小麦粒，一只幼虫可为害多个小穗，小穗被取食后，会留下一个明显的蛀孔，蛀孔周围会留下白色粒状虫粪。如果小麦乳熟时，幼虫还未老熟，此时为害特点就变得非常复杂。如果麦穗颖壳外张较大，此时幼虫可以通过颖壳缝隙啃食麦粒，当麦粒较嫩时，可以取食整个麦粒，而麦粒较硬时，只啃食顶端部分。如果颖壳较紧，则幼虫会转移至旗叶及下部叶片，造成缺刻或吃光整个叶片（图 3.4-图 3.9）。

图 3.4　草地贪夜蛾幼虫
　　　　取食旗叶

图 3.5　草地贪夜蛾幼虫
　　　　取食老叶片

图 3.6　草地贪夜蛾幼虫
　　　　为害幼嫩穗部

图 3.7　草地贪夜蛾幼虫取食老熟穗部

鳞翅目害虫·草地贪夜蛾

图 3.8　严重受害麦穗

图 3.9　草地贪夜蛾幼虫为害的麦粒（左）及正常麦粒（右）

第四章
瓦矛夜蛾

4.1 分类地位

瓦矛夜蛾 *Spaelotis valida* Walker 隶属于鳞翅目夜蛾科夜蛾亚科矛夜蛾属。

4.2 分布与寄主

目前，北京、上海、河北、山东等地有分布记录，其余地区分布信息未知。据报道，该虫属杂食性害虫，除为害小麦之外，还可取食为害菠菜、生菜、甘蓝、韭菜、葱、大蒜等。

4.3 形态特征

成虫：翅展 33~46 mm。头部棕褐色。胸部黑褐色，领片棕褐色，肩片黑褐色。前翅灰褐色至棕褐色，翅基片黄褐色；基线为双线黑色波浪形，伸至中室下缘；中室下缘自基线至内横线间具 1 黑色纵纹；内横线与外横线均为双线黑色波浪形；环纹与末端肾形纹均为灰色具黑边；亚外缘线土黄色，波浪形。后翅黄白色，外缘暗褐色。足胫节与跗节均具小刺，胫节外侧 2 列，跗节 3 列。腹部暗褐色（图 4.1、图 4.2）。

卵：信息不详。2014 年在室内饲养近 3 个月，未观察到成虫产卵。

幼虫：老熟幼虫体长 30~50 mm，体棕黄色，每一体节背部具黑色倒"八"字形纹，黑纹外侧镶浅黄色边，气门下线灰白色，前胸有 3 条黄色纵线（图 4.3）。

蛹：长 20~22 mm，化蛹初期褐色或黄褐色，后逐步变为红褐色至黑色。

图 4.1　瓦矛夜蛾成虫
（背面）

鳞翅目害虫·瓦矛夜蛾

图 4.2　瓦矛夜蛾成虫
（腹面）

图 4.3　瓦矛夜蛾幼虫

4.4 生活习性

目前，关于该虫的研究资料较少。2012 年，河北省首次报道该虫幼虫可为害小麦和蔬菜，此后，北京和山东冬小麦田也发生该虫为害。据观察瓦矛夜蛾幼虫昼伏夜出，喜潮湿阴暗的松软土壤，具假死性，遇到危险时，蜷曲呈 "C" 形。该虫在小麦田的为害期主要在小麦返青后，幼虫取食叶片可造成缺刻或孔洞，严重时可将整株叶片蚕食一空，不严重时不易发现。浇灌返青水后，由于呼吸作用受到抑制，该虫会爬到植株上部或顺水从地头漂到地尾，并引起喜鹊等鸟类捕食，此时极易发现该虫。据笔者 2014 年在北京市大兴区庞各庄镇调查，地尾虫口密度明显高于地头，地尾约 20 头 /m²，但地头仅有 3 头 /m²。室内对 6 头成虫（含 2 ♂）观察发现，成虫喜静止，寿命非常长，温度 25℃和相对湿度 50% 的条件下，可存活超过 40 天。观察期间，未见产卵。在北京市顺义区木林镇监测发现，成虫具有趋光性，1 年见 2 代成虫，高峰期分别为 6 月至 7 月初和 9 月底至 10 月初，但虫量不大，一晚最高虫量为 50 头。

4.5 为害特点

该虫以幼虫越冬，在小麦田的为害期主要在小麦返青后，幼虫取食叶片可造成缺刻或孔洞，严重时可将整株叶片蚕食一空，不严重时不易被发现（图 4.4）。

图 4.4　瓦矛夜蛾为害叶片

鳞翅目害虫·瓦矛夜蛾

第五章
黏 虫

5.1 分类地位

黏虫 *Mythimna separata*（Walker）（异名 *Leucania separata* Walker），别名粟夜盗虫、剃枝虫，俗称行军虫、五彩虫、麦蚕等，隶属于鳞翅目夜蛾科，是禾本科重要害虫。2020 年 9 月 15 日黏虫被农业农村部列为一类农作物病虫害。

5.2 分布与寄主

在我国，除新疆未见报道以外，其余各地均有分布。黏虫主要为害禾本科作物，如小麦、玉米、水稻、谷子等。此外，黏虫还可以为害生姜等 16 科 100 多种作物。

5.3 形态特征

成虫：体长 17~20 mm，翅展 36~45mm。前翅淡黄褐色至灰褐色，有少量个体为浅暗红色。前翅环状纹、肾状纹黄色，中室下角处有 1 个小白点，其两侧各有 1 个小黑点，亚端线从顶角向内斜伸，在翅尖后方和外缘附近形成 1 个灰褐色三角形暗影，端线为 1 列黑色小点（图 5.1）。

卵：馒头形，卵粒上有六角形网状纹，初产时白色，渐变黄色、褐色，将近孵化时为黑色。成虫产卵时，分泌胶质将卵粒黏结在植物叶上，排列成 2~4 行，有时重叠，形成卵块。每块含卵 10 余粒，个别大的卵块有 200~300 粒不等（图 5.2）。

幼虫：幼虫共有 6 龄，体色随龄期、密度和食物等环境因子变化较大。初孵时为灰褐色，2~3 龄幼虫取食嫩叶时，身体前半部或大部分呈绿色或灰绿色，幼虫密度较大时，4 龄以上幼虫成黑色或灰黑色，幼虫密度较小时，体色浅，呈黄褐色至黄绿色。低密度发育而成的老熟幼虫，头部为黄褐至淡红褐色，头盖有暗褐色的网状花纹，沿蜕裂线各有 1 条褐色纵纹，略呈"八"字形。体背有 5

图 5.1　黏虫成虫

图 5.2　黏虫卵块

条明显纵线，背中线白色，较细，边缘有细黑线，背侧线蓝色，两侧各有 2 条明显的浅色宽纵带，上方 1 条红褐色，下方 1 条黄白色、黄褐色或近红褐色。胸部第 1 节两侧各具气门 1 个，胸盾片浓黑色，有光泽。胸足第 1 节粗大，末端稍细，第 3 节生有浓黑色爪。腹部共 10 节，第 3~6 节腹面各有腹足 1 对，第 10 节有尾足 1 对。腹足和尾足外侧均有黑色斑纹。腹足先端圆盘形，着生黑色趾钩，呈半环形排列。第 1~8 节两侧，各有椭圆形气门 1 个，气门盖黑色（图 5.3–图 5.5）。

蛹： 蛹初化时乳白色，渐变黄褐至红褐色，体长 19~23 mm，最宽处约 7 mm，胸背有数条横皱纹。雌蛹生殖孔位于腹部第 8 节腹面，腹末端较尖瘦，腹面较平，不向外突；雄蛹生殖孔位于腹部第 9 节腹面，腹末腹面稍向前突，显得较钝。

图 5.3　黏虫高龄幼虫

鳞翅目害虫·黏　虫

图 5.4　黏虫高龄幼虫
　　　　（黑色型）

图 5.5　黏虫幼虫（上为
　　　　普通型，下为深
　　　　色型）

5.4 生活习性

　　黏虫是一种典型的迁飞性害虫，喜好潮湿，适宜温度在 10~25℃，相对湿度在 85% 以上，不耐高温和干旱，不耐 0℃ 以下的低温和 35℃ 以上的高温，越冬北界在北纬 33° 一带，33° 以北任何虫态都不能越冬。受有效积温影响，黏虫在我国各地发生代次不同，东北、内蒙古每年发生 2~3 代，华北中南部 3~4 代，江苏淮河流域 4~5 代，长江流域 5~6 代，华南 6~8 代。在广东、福建南部终年繁殖，无越冬现象。在江西、浙江一带，以幼虫和蛹在稻桩、田埂杂草、绿肥田、麦田表土下等处越冬。北方春季出现的大量成虫系由南方迁飞所至。黏虫在我国东部每年有 4 次大范围的迁飞活动，具有 2 种迁飞方式。春季和夏季从低纬度向高纬度地区或从低海拔向高海拔地区迁飞；秋季回迁时，从高纬度向低纬度地区或从高海拔向低海拔地区迁飞。

5.5 为害特点

　　以幼虫咬食叶片，1~2 龄幼虫仅食叶肉形成小孔，3 龄后才形成缺刻，5~6 龄达暴食期，严重时将叶片吃光形成光秆，造成严重减产，甚至绝收（图 5.6）。有时幼虫还可以取食小麦颖壳。当一块禾谷类田被吃光后，幼虫常成群迁到另一块田为害，故又名"行军虫"。在小麦收获后，黏虫马上转移到套种的玉米或高粱田及附近的杂草上，此时幼虫一般为 4~6 龄，如果防治不及时，仅 2~3 天就会把玉米、高粱、谷子的幼苗叶片吃光，只剩下叶脉，造成严重损失。

图 5.6 黏虫为害叶片

鳞翅目害虫·黏虫

第六章
劳氏黏虫

6.1 分类地位

劳氏黏虫 *Leucania loreyi*（Duponchel），隶属于鳞翅目夜蛾科，《中国动物志》称白点黏夜蛾，2020 年 9 月 15 日，劳氏黏虫被农业农村部列入一类农作物病虫害名录。

6.2 分布与寄主

资料记载，国内劳氏黏虫分布于华中、华东和华南等地，根据草地贪夜蛾监测过程中的发现，北京、河北、内蒙古、辽宁等华北和东北地区南部也有该物种分布；国外分布于日本、印度、缅甸、菲律宾、印度尼西亚、大洋洲、欧洲等地。幼虫食性杂，可取食多种植物，喜食禾本科植物，主要为害苏丹草、羊草、披碱草、黑麦草、冰草、狗尾草等植物以及水稻、小麦、大麦、高粱、玉米和甘蔗等作物。

6.3 形态特征

成虫： 14~17 mm，翅展 30~36 mm，灰褐色，前翅从基部中央到翅长约 2/3 处有 1 暗黑色带状纹，中室下角有 1 明显的小白斑。肾状纹、环状纹均不明显。腹部腹面两侧各有 1 条纵行黑褐色带状纹（图 6.1）。

卵： 馒头形，直径 0.6 mm 左右，淡黄白色，表面具不规则的网状纹。

幼虫： 一般 6 龄，体色变化较大，一般为绿至黄褐色，体具黑白褐等色的纵线 5 条。头部黄褐至棕褐色，气门淡黄褐色，周围黑色。老熟幼虫头部暗褐色，侧面有黑褐斑纹，体黑褐色稍带黄色，密布黑色小圆突，腹部末端肛上板有 1 对明显黑纹，背线、亚背线及气门线均黑褐色，不明显（图 6.2-图 6.4）。

蛹： 尾端有 1 对向外弯曲叉开的毛刺，其两侧各有 1 细小弯曲的小刺，小刺基部不明显膨大。黄褐至暗褐色，腹末稍延长，有 1 对较短的黑褐色粗刺。

图 6.1　劳氏黏虫成虫

图 6.2　劳氏黏虫幼虫
　　　　（玉米叶，
　　　　侧面观）

图 6.3　劳氏黏虫幼虫
　　　　（玉米叶，
　　　　背面观）

图 6.4　劳氏黏虫幼虫
　　　　（室内饲养，背
　　　　面观）

6.4　生活习性

　　劳氏黏虫在广东一年发生 6~7 代，在福建、江西等省一年发生 4~5 代。成虫对糖醋液趋性很强，羽化后的成虫必须补充营养，并在适宜的温湿度条件下，才能进行正常的交配、产卵。成虫喜在叶鞘内产卵，并分泌黏液，将叶片与卵粒粘连。雌蛾产卵量受环境条件影响很大，一般可产几十粒至几百粒，多者可产千粒左右。幼虫共 6 龄，昼伏夜出，有假死性。老熟幼虫常在草丛中、土块下等处化蛹。

6.5　为害特点

　　华北南部、华中大部可对小麦形成为害，取食叶片可造成明显缺刻，形状与黏虫类似（图 6.5）。

图 6.5　劳氏黏虫为害小麦症状

第七章
麦穗夜蛾

7.1 分类地位

麦穗夜蛾 *Apamea sordens*（Hufnagel）别名麦穗虫，属鳞翅目夜蛾科。

7.2 分布与寄主

曾经分布在内蒙古、陕西、甘肃、青海等省（区），目前多在青海、甘肃发生。寄主有小麦、大麦、青稞、冰草、马莲草等。

7.3 形态特征

成虫：体长 16~19 mm，翅展 40~42 mm，灰褐色。前翅灰褐色，基部黑色剑纹明显，在中脉下方呈燕飞形，环状纹、肾状纹银灰色，边黑色；基线淡灰色双线，亚基线、端线浅灰色双线，锯齿状；亚端线波浪形浅灰色；外缘具 7 个黑点，密生缘毛。后翅浅黄褐色，外缘色较深，近中央有 1 黑色斑（图 7.1）。

卵：圆球形，直径约 0.6 mm，初为乳白色，后变成橘黄并带灰色，表面有花纹。

幼虫：老熟幼虫 26~30 mm，头部浅褐黄色，中央有深色"八"字纹，颅侧区具浅褐色网状纹。虫体灰黄色，背面灰褐色，腹面灰白色，背线白色，明显，和亚背线将虫体分成 4 块浅褐色条斑（图 7.2-图 7.4）。

蛹：长 18~21.5 mm，黄褐色或棕褐色。

7.4 生活习性

在青海和河西走廊 1 年 1 代，以老熟幼虫在地边、田埂、渠边等场所的草丛或缝隙中越冬，翌年 4 月越冬幼虫出蛰活动，4 月底至 5 月上旬开始化蛹，预蛹期 6~11 天，蛹期 44~55 天。6—7 月成虫羽化，6 月中旬至 7 月上旬为羽化盛

图 7.1　麦穗夜蛾成虫和幼虫

图 7.2　麦穗夜蛾幼虫为害穗部（张登峰　摄）

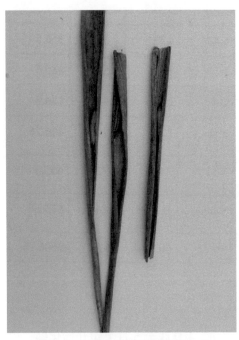

图 7.3　缀连叶内的麦穗夜蛾幼虫
（张登峰　摄）

图 7.4　混在麦粒中的麦穗夜蛾老熟幼虫
（张登峰　摄）

期，白天隐蔽在麦株或草丛下，黄昏时飞出活动，取食麦花粉或油菜。交尾后将卵产在小麦第 1 小穗颖内侧或子房上，一般成块，每块粒数不等，单雌最多可产 740 粒，卵期约 13 天，幼虫蜕皮 6 次，共 7 龄，7 月初为幼虫为害高峰期，老熟幼虫有隔夜取食习性。9 月中旬幼虫开始在麦茬根际松土内越冬。

7.5 为害特点

初孵幼虫先取食穗部花器和子房，个别取食颖壳内壁幼嫩表面，一般每粒 1~2 头，食尽后转移为害，均从内颖外侧中部顶端 1/3 处咬孔进入，取食种子上部。2~3 龄后在籽粒里潜伏取食，4 龄后，白天幼虫转移至被吐丝缠绕的穗中间，或在叶鞘内以及小麦旗叶上吐丝缀连叶缘隐蔽起来，也有的潜伏在表土或土缝里，日落后寻找麦穗取食。每头幼虫 1 夜可以取食 1~2 粒小麦，仅留种胚部分，此时地面上有明显的小米粒大小的白色虫粪（图 7.5）。有时麦收后，还可以在麦捆下继续为害。

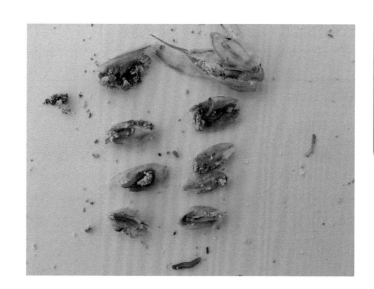

图 7.5 麦穗夜蛾幼虫
为害麦粒
（张登峰 摄）

第八章
二点委夜蛾

8.1 分类地位

二点委夜蛾 *Athetis lepigone*（Möschler）隶属于鳞翅目夜蛾科。

8.2 分布与寄主

国外主要分布于日本、朝鲜半岛、俄罗斯等地，在国内，河北首次确认其为害玉米幼苗，北京、山东、河北、河南均可诱集到成虫，2020 年，内蒙古、辽宁等省份也相继发现成虫。幼虫一般取食麦秸、散落麦粒、自生苗，条件合适时，可就近为害玉米苗，还可以为害白菜、棉花、甘薯等。

8.3 形态特征

成虫：体长 10~12 mm，翅展 20 mm。雌虫会略大于雄虫。头、胸、腹灰褐色。前翅灰褐色，有暗褐色细点；内线、外线暗褐色，环状纹为 1 黑点；肾状纹小，边缘由黑点组成，外侧中凹，有 1 白点；外线波浪形，翅外缘有 1 列黑点，数量 7~8 个。后翅白色微褐，端区暗褐色。腹部灰褐色（图 8.1）。

卵：馒头形，直径不到 1 mm，上有纵脊，初产黄绿色，后土黄色。

幼虫：老熟幼虫体长 20 mm 左右，头部褐色，体色灰黄色。背侧线双线灰白色，腹部每个体节对称分布 4 个底色为白色且上有黑点的毛瘤，中间有 1 个"V"形斑（图 8.2）。

蛹：老熟幼虫入土先做丝质土茧，然后在茧内化蛹。蛹长 10 mm 左右，化蛹初期淡黄褐色，逐渐变为褐色（图 8.3）。

8.4 生活习性

二点委夜蛾在河北省南部一年发生 4 代，世代重叠严重，越冬代成虫为 4 月

图 8.1　二点委夜蛾成虫

图 8.2　二点委夜蛾幼虫

图 8.3　二点委夜蛾蛹

鳞翅目害虫·二点委夜蛾

底至 5 月底，一代成虫 6 月至 7 月上旬，二代成虫 7 月上中旬至 8 月上中旬，三代成虫 8 月下旬至 10 月中旬。北京 1 年发生 3 代，越冬代为 4 月底至 6 月下旬，一代成虫 6 月下旬至 8 月上旬，8 月中旬以后的都属于二代成虫。成虫除具有明显的趋光性以外，还对麦秸堆有明显趋性，喜在上面产卵。幼虫孵出后，主要取食腐烂的籽粒、自生苗等。适温高湿有利于幼虫生长发育，高温干燥可以抑制幼虫发育。

8.5 为害特点

幼虫喜欢取食麦粒、自生麦苗、麦糠、腐殖质，未见对小麦造成明显为害。

第九章
小地老虎

9.1 分类地位

小地老虎 *Agrotis ipsilon*（Hufnagel），又名土蚕、切根虫，隶属于鳞翅目夜蛾科，属于重要的鳞翅目地下害虫种类。

9.2 分布与寄主

分布中国各地，食性杂，寄主有棉花、玉米、小麦、高粱、烟草、马铃薯、麻、豆类、各类蔬菜等，也为害椴、水曲柳、胡桃楸及红松等树木幼苗。

9.3 形态特征

成虫： 体长 21~23 mm，翅展 48~50 mm。头、胸及前翅褐色或黑灰色，前翅前缘区色较黑，翅脉纹黑色，基线、内线及外线均为双线黑色，中线黑色，亚端线灰白色锯齿形，内侧 4~6 脉间有 2 楔形纹，外侧 2 黑点，端线为 1 列黑点，缘毛褐黄色，有 1 列暗点。环形纹、肾形纹暗灰色，肾形纹黑边，中有 1 黑曲纹，中部外方有 1 楔形黑纹伸达外线，其尖端与外侧 2 楔形纹尖端中间相对。后翅半透明白色，翅脉褐色（图 9.1）。

卵： 扁圆形，花冠分 3 层，第 1 层菊花瓣形，第 2 层玫瑰花瓣形，第 3 层放射状菱形。

幼虫： 老熟幼虫头部暗褐色，侧面有黑褐斑纹，体黑褐色稍带黄色，密布黑色小圆突，腹部末端肛上板有 1 对明显黑纹，背线、亚背线及气门线均黑褐色，不明显（图 9.2）。

蛹： 黄褐至暗褐色，腹末稍延长，有 1 对较短的黑褐色粗刺。

图9.1　小地老虎成虫

图9.2　小地老虎幼虫

鳞翅目害虫·小地老虎

9.4 生活习性

　　小地老虎具有远距离迁飞习性，一般以幼虫和蛹在土中越冬，在1月平均温度高于8℃的地区，冬季能继续生长、繁殖与为害。目前已经确认，小地老虎的越冬北界为北纬33°左右。小地老虎在西北、华北地区年发生2~3代，在黄河以南至长江沿岸年发生4代，长江以南年发生4~5代，南亚热带地区年发生6~7代。无论年发生代数多少，在生产上造成严重为害的均为第1代幼虫。南方越冬代成虫2月出现，全国大部分地区羽化盛期在3月下旬至4月上中旬。小地老虎成虫具有趋光性、趋化性，可以用黑光灯和糖醋液等进行诱集。卵散产或数粒产在一起，每只雌蛾一般产卵 1 000 粒左右，多的可超过 2 000 粒。雌蛾寿命 20~25 天，雄蛾寿命 10~15 天。

9.5 为害特点

受越冬北界的限制，对大部分冬麦区不形成为害，幼虫为害时，切断幼苗，造成缺苗断垄。

第十章

大 螟

10.1 分类地位

大螟 *Sesamia inferens*（Walker），也称稻蛀茎夜蛾，隶属于鳞翅目夜蛾科蛀茎夜蛾属，属于重要的鳞翅目钻蛀性害虫种类。

10.2 分布与寄主

国外分布于日本、印度、缅甸、斯里兰卡、马来西亚、菲律宾、新加坡、印度尼西亚等，国内分布于湖北、江苏、浙江、台湾、福建、四川等地。寄主有稻、麦、黍、玉米、甘蔗、香蕉、茭白等。

10.3 形态特征

成虫：体长 12~15 mm，翅展 24~30 mm。头部、胸部浅黄褐色，腹部浅黄色至灰白色；前翅近长方形，浅灰褐色，密布细黑点，中脉前后褐色，端线黑色，中间具小黑点 4 个，排成四边形。后翅白色（图 10.1）。

卵：扁圆形，初白色后变灰黄色，表面具细纵纹和横线，散产或聚产，聚产常排成 2~3 行。

幼虫：一般有 5~7 龄期，老熟幼虫体长约 30 mm，头红褐色至暗褐色，身体背面紫红色（图 10.2）。

蛹：长 13~18 mm，粗壮，红褐色，头腹部具灰白色粉状物，臀棘 3 根。

10.4 生活习性

大螟成虫的飞翔力弱，喜欢在田边杂草上产卵，因此，大螟造成的枯心苗田边较多、中间较少。

华中、华东一年发生 3~4 代，华南 6~8 代。在温带以幼虫在茭白、水稻等

图 10.1 大螟成虫

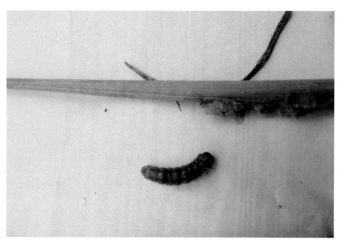

图 10.2 大螟幼虫

作物茎秆或根茬内越冬。翌春,当气温高于 10℃时,老熟幼虫开始化蛹,15℃时羽化,越冬代成虫把卵产在春玉米或看麦娘、李氏禾等杂草叶鞘内侧,幼虫孵化后 3 龄前,常十几头群集在一起,在叶鞘内层吃光组织。3 龄后分散转移为害,到邻近边行的其他寄主上蛀入叶鞘内取食,蛀孔为红褐色锈斑块。

雌蛾飞翔力弱,产卵较集中,靠近虫源的地方,虫口密度大,为害重。一代的卵历期为 12 天,二、三代 5~6 天;一代幼虫期约 30 天,二代约 28 天,三代约 32 天;蛹期 10~15 天。苏南越冬代发生在 4 月中旬至 6 月上旬,一代 6 月下旬至 7 月下旬,二代 7 月下旬至 10 月中旬;宁波一带越冬代在 4 月上旬至 5 月下旬发生,一代 6 月中旬至 7 月下旬,二代 8 月上旬至下旬,三代 9 月中旬至 10 月中旬;长沙、武汉越冬代发生在 4 月上旬至 5 月中旬;江浙一带一代幼虫于 5 月中下旬盛发，主要为害茭白，7 月中下旬二代幼虫和 8 月下旬三代幼虫主要为害水稻，对茭白为害轻。茭白与水稻插花种植地区，该虫在两寄主间转移为害，受害重。浙北、苏南单季稻茭白区，越冬代羽化后尚未栽植水稻，则集中为害茭白，尤其是田边受害重。高温干燥是越冬幼虫死亡率高的主要原因。在温度 20~25℃时，成虫交配产卵正常，幼虫和蛹的存活率高；温度上升到 28℃，成虫交配产卵受到抑制，幼虫和蛹的存活率也下降。

10.5 为害特点

　　湖北等地冬麦区偶见为害，一般拔节期可见为害状，麦苗被蛀后形成枯心苗（图 10.3）。

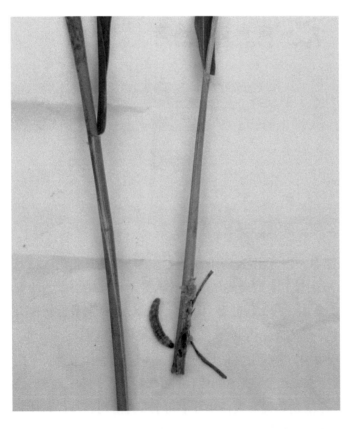

图 10.3　大螟幼虫及
为害状

第十一章
麦奂夜蛾

11.1 分类地位

麦奂夜蛾 *Amphipoea fucosa*（Freyer）隶属鳞翅目夜蛾科，也称秀夜蛾，曾是春麦区重要麦类害虫，一般减产 10%~20%，严重减产 40%~50%。近年来，在新疆奇台等地发生较重。

11.2 分布与寄主

分布于东北、华北、西北、西南、长江中下游及华东麦区。寄主有小麦、大麦、黍、糜等禾本科作物及野燕麦等。

11.3 形态特征

成虫：体长 13~16mm，翅展 30~36mm，头部、胸部黄褐色，腹背灰黄色，腹面黄褐色，前翅锈黄至灰黑色，基线色浅，内线、外线各 2 条，中线 1 条，共 5 条褐线且明显。环形纹、肾形纹白色至锈黄色，上有褐色细纹，边缘暗褐色，亚端线色浅，外缘褐色，缘毛黄褐色。后翅灰褐色，缘毛、翅反面灰黄色（图 11.1-图 11.2）。

卵：块状，卵粒半圆形，初白色，3~4 天后变为褐色。

幼虫：老熟幼虫体长 30~35mm，灰白色，头黄色，四周具黑褐色边，从中间至后缘有黑褐色斑 4 个，从前胸后缘至腹部第 9 节的背中线两侧各具红褐色宽带 1 条。亚背线略细，气门线较粗，均为红褐色。腹部第 8 节前后各有黑褐色斑 2 块，第 9 腹节背面有黑褐色斑 6 块，中间 2 块大（图 11.3）。

蛹：棕褐色，2 根尾刺，末端呈弯钩状。

图11.1 麦奂夜蛾雄成虫及外生殖器（陈刘生 摄）

图11.2 麦奂夜蛾雌成虫
及外生殖器
（陈刘生 摄）

图11.3 麦奂夜蛾幼虫

11.4 生活习性

北方春麦区年发生1代，以卵越冬，翌年5月上中旬孵化，5月下旬至6月上旬进入孵化盛期，5月上中旬幼虫开始为害小麦幼苗，5月下旬至6月下旬进入幼虫为害盛期。老熟幼虫于6月下旬化蛹，7月上中旬成虫出现，8月上中旬进入发蛾高峰，7月中旬麦田可见卵块，7月下旬至8月中旬进入产卵盛期。成虫白天隐藏在地边、渠边草丛下、田内作物下或土缝中，20:00—21:00时把卵产在小麦茎基叶鞘内侧距土面1~3cm处，每雌产卵3~21块，产卵历期5~8天。幼虫期共50多天，一般蜕皮5次，老熟后在受害株附近1~3cm土内化蛹，蛹期20天左右。

11.5 为害特点

幼虫蛀茎，导致地上部分枯死。幼虫喜在水浇地、下湿滩地及黏壤土地块为害，3龄前钻茎为害，4龄后从麦秆的地下部咬烂入土，栖息在薄茧内继续为害附近麦株，致小麦呈现枯心或全株死亡，造成缺苗断垄。近几年，新疆奇台县部分地块严重发生，导致缺苗断垄，损失较为严重（图11.4－图11.8）。

图 11.4　麦奂夜蛾幼虫钻蛀小麦根部

图 11.5　麦奂夜蛾幼虫钻蛀小麦根部
为害状

鳞翅目害虫·麦奂夜蛾

图 11.6　返青拔节期严重
受害麦田
（王少山　摄）

图 11.7　奇台江布拉克拔
节期严重受害的
地块
（王少山　摄）

图 11.8　奇台江布拉克严
重受害的地块
（王少山　摄）

直翅目害虫

第十二章
蝼　蛄

12.1　分类地位

蝼蛄俗称拉拉蛄、土狗子、地狗子，属直翅目蝼蛄科。我国记载的蝼蛄有 6 种，其中分布最广泛、为害最严重的种类有单刺蝼蛄 *Gryllotalpa unispina* Saussure（早期称为华北蝼蛄）和东方蝼蛄 *Gryllotalpa orientalis* Africa Golm（早期称为非洲蝼蛄）2 种。

12.2　分布与寄主

单刺蝼蛄是我国北方的重要种类，国内主要分布于北纬 32°以北，如江苏（苏北）、河南、河北、山东、山西、陕西、内蒙古、新疆以及辽宁和吉林的西部，尤以华北、西北地区干旱贫瘠的山坡地和塬区为害严重。东方蝼蛄是我国分布最为普遍的蝼蛄种类，属全国性害虫，各省（区、市）均有分布。蝼蛄可取食为害多种植物的根、嫩茎和苗。

12.3　形态特征

12.3.1　单刺蝼蛄

成虫：雌虫体长 45~66 mm，头宽 9 mm；雄虫体长 39~45 mm，头宽约 5.5 mm。体黄褐色，全身密被黄褐色细毛。头暗褐色，头中央有 3 个单眼，触角鞭状。前胸背板盾形，背中央有 1 个不明显的暗红色心脏形凹陷斑。前翅黄褐色，长 14~16 mm，覆盖腹部不到一半；后翅长远超越腹部达尾须末端。足黄褐色，前足发达；其腿节下缘不平直，中部强外突，弯曲成"S"形；后足胫节内侧仅有一刺或消失。雄性生殖器粗壮，后角长，端部尖舌状；阳茎腹片向阳茎侧突囊下方延伸弯折，末端分叉，整体呈"W"状（铁锚状）（图 12.1）。

卵：椭圆形，初产长为 1.6~1.8 mm，宽为 1.1~1.4 mm，乳白色，有光泽，后变黄褐色，孵化前呈暗灰色。

若虫： 若虫共有 13 龄。初孵若虫体长约 3.56 mm，末龄若虫体长约
41.2 mm。初孵时体乳白色，后体色逐渐加深，复眼淡红色，头部淡黑色；前胸
背板黄白色，腹部浅黄色，2 龄以后体黄褐色，5 龄后基本与成虫同色，体形与
成虫相仿，仅有翅芽。

12.3.2 东方蝼蛄

成虫： 雌虫体长 31~35 mm，雄虫 30~32 mm。体淡黄色，全身密被细毛。
头圆锥形，暗褐色。触角丝状，黄褐色。复眼红褐色，单眼 3 个。前胸背板背面
呈卵形，背中央凹陷长约 5 mm。前翅灰褐色，长约 12 mm，覆盖腹部达一半；
后翅长超越腹部末端。前足发达；其腿节下缘正常，较平直；后足胫节内侧具 3
枚背刺。雄性生殖器粗壮，侧面观有折形，后角短，端部平凹，位于腹突之上；
阳茎腹片向两侧延伸呈 "M" 状。该种在我国曾被错认为是非洲蝼蛄长达 60 余
年之久（图 12.1– 图 12.2）。

卵： 初产卵长约 2.8 mm，宽约为 1.5 mm，椭圆形，灰白色，有光泽，后逐
渐变为黄褐色。孵化前呈暗褐色或暗紫色，长约 4 mm，宽约 2.3 mm。

若虫： 若虫有 8~9 龄，初孵若虫体长约 4 mm，末龄若虫体长约 25 mm。初
孵化时体乳白色，复眼淡红色，数小时后，头、胸、足渐变为暗褐色，并逐步加
深；腹部浅黄色。3 龄若虫初见翅芽，4 龄时翅芽长达第 1 腹节，末龄若虫翅芽
长达第 3、第 4 腹节（图 12.3）。

直翅目害虫·蝼 蛄

图 12.1　蝼蛄成虫（左
　　　　侧：单刺蝼蛄；
　　　　右侧：东方蝼蛄）

图 12.2 东方蝼蛄
（成虫，
正在挖掘）

图 12.3 东方蝼蛄
（成虫）

直翅目害虫 · 蝼蛄

12.4 生活习性

蝼蛄在华北、东北、西北地区约 2 年完成 1 代，在华中、长江流域及其以南各省每年发生 1 代，以成虫越冬。成虫有趋光性、趋化性、趋湿性，在京津冀地区，每年有 2 个活动高峰，第一个高峰一般为 4 月底 5 月初，之后随着气温的升高，蝼蛄会入土越夏，8—9 月天气凉爽时，再次出土为害。

12.5 为害特点

蝼蛄喜食刚发芽的种子，咬食幼根和嫩茎，咬食成乱麻状或丝状；使幼苗生长不良甚至死亡，造成严重缺苗断垄。更为严重的是蝼蛄在土壤表层窜行为害，造成种子架空漏风，幼苗吊根，导致种子不能发芽，幼苗失水而死，损失非常严重（图 12.4-图 12.5）。

图 12.4　麦田蝼蛄窜
行轨迹

图 12.5　麦田蝼蛄窜
行轨迹及麦
苗受害状

直翅目害虫·蝼 蛄

鞘翅目害虫

第十三章

蛴 螬

13.1 分类地位

蛴螬是鞘翅目金龟甲幼虫的总称，属杂食性昆虫，是地下害虫中分布最广、种类最多、为害最大的一大类群。在我国小麦上为害严重的种类有华北大黑鳃金龟 *Holotrichia oblita*（Faldermann）、暗黑鳃金龟 *Holotrichia parallela* Motschulsky、铜绿丽金龟 *Anomala corpulenta* Motschulsky 和黑绒鳃金龟 *Serica orientalis*（Motschulsky）等。

13.2 分布与寄主

华北大黑鳃金龟主要分布于河北、河南、山东、山西、内蒙古、陕西和甘肃等地，是黄淮海麦区的优势种；暗黑鳃金龟、铜绿丽金龟、黑绒鳃金龟分布在我国除西藏、新疆以外的大多数地区。本书所记的几种金龟子寄主都较多，包括多种果树、蔬菜和粮食作物。

13.3 形态特征

常见的金龟甲有 4 种，分别是华北大黑鳃金龟、暗黑鳃金龟、铜绿丽金龟（图 13.1－图 13.3）和黑绒鳃金龟。

13.3.1 华北大黑鳃金龟

成虫： 长椭圆形，体长 21~23 mm、宽 11~12 mm，黑色或黑褐色有光泽。胸、腹部生有黄色长毛，前胸背板宽为长的 2 倍，前缘钝角、后缘角几乎成直角。每鞘翅 3 条隆线。前足胫节外侧 3 齿，中后足胫节末端 2 距。雄虫末节腹面中央凹陷、雌虫隆起。

卵： 椭圆形，乳白色。

幼虫： 体长 35~45 mm，肛孔 3 射裂缝状，前方着生一群扁而尖端呈钩状的

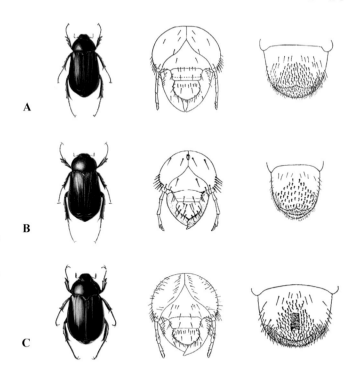

图 13.1 3 种常见金龟甲
的形态模式图

A: 华北大黑鳃金龟（左：成
虫；中：幼虫头部正面；右：
幼虫臀节腹面）；B: 暗黑鳃
金龟（左：成虫；中：幼虫
头部正面；右：幼虫臀节腹
面）；C: 铜绿丽金龟（左：成
虫；中：幼虫头部正面；右：
幼虫臀节腹面）

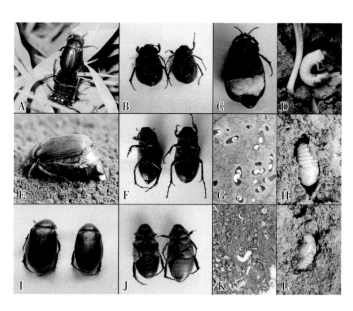

图 13.2 3 种常见金龟甲
及其幼虫的形
态图

A: 华北大黑鳃金龟成虫；
B: 华北大黑鳃金龟成虫腹
面（左：雌虫；右：雄虫）；
C: 华北大黑鳃金龟雌成虫
腹面可见腹部的卵；D: 华北
大黑鳃金龟幼虫；E: 暗黑鳃
金龟成虫；F: 暗黑鳃金龟成
虫（左：雌虫；右：雄虫）；
G: 暗黑鳃金龟幼虫；H: 暗黑鳃
金龟蛹；I: 铜绿丽金龟成虫背
面（左：雌虫；右：雄虫）；
J: 铜绿丽金龟成虫腹面（左：
雌虫；右：雄虫）；K: 铜绿丽
金龟幼虫；L: 铜绿丽金龟蛹

刚毛，并向前延伸到肛腹片后部 1/3 处。

蛹： 预蛹体表皱缩无光泽。蛹黄白色，椭圆形，尾节具突起 1 对。

13.3.2 暗黑鳃金龟

成虫： 体长 16~21 mm，体宽 8~11 mm。体型中等，长椭圆形，后方常稍膨阔。体色变化很大，有黄褐、栗褐、黑褐至沥黑色，以黑褐、沥黑个体为多，全休光泽较暗淡。头阔大，唇基长大，前缘中凹微缓，侧角圆形，密布粗大刻点；额头顶部微隆拱，刻点稍稀。触角 10 节，鳃片部短小，3 节组成。前胸背板密布深且大的椭圆刻点，前侧方较密，常有宽亮中纵带；前缘边框阔，有成排纤毛，侧缘弧形扩出，前段直，后段微内弯，中段最阔；前侧角钝角形，后侧角直角形，后缘边框阔，为大型椭圆刻点所断。小盾片短阔，近半圆形。鞘翅散布脐形刻点，4 条纵肋清楚，纵肋 I 后方显著扩阔，并与缝肋及纵肋 II 相接。臀板长，几乎不隆起，掺杂分布深大刻点。胸下密被绒毛，后足跗节第 1 节明显长于第 2 节。

幼虫： 中型，体长 35~45 mm，头宽 5.6~6.1 mm，头部前顶刚毛每侧一根，位于冠缝侧。臀节腹面无刺毛，仅具钩状刚毛，肛门孔三裂。

蛹： 体长为 20~25 mm，体宽为 10~12 mm。尾节三角形，2 尾角呈钝角岔开。

13.3.3 铜绿丽金龟

成虫： 体长 15~21 mm，宽 8~11.3 mm，体背铜绿色有金属光泽，前胸背板及鞘翅侧缘黄褐色或褐色。唇基褐绿色且前缘上卷；复眼黑色；黄褐色触角 9 节；有膜状缘的前胸背板前缘弧状内弯，侧、后缘弧形外弯，前角锐而后角钝，密布刻点。鞘翅黄铜绿色且纵隆脊略见，合缝隆较显。雄虫腹面棕黄且密生细毛，雌虫乳白色且末节横带棕黄色，臀板黑斑近三角形。足黄褐色，胫节、跗节深褐色，前足胫节外侧 2 齿、内侧 1 棘刺，2 跗爪不等大，后足大爪不分叉。初羽成虫前翅淡白，后渐变黄褐、青绿到铜绿具光泽。

卵： 白色，初产时长椭圆形，长 1.65~1.94 mm，宽 1.30~1.45 mm；后逐渐膨大近球形，长 2.34 mm，宽 2.16 mm。卵壳光滑。

幼虫： 3 龄幼虫体长 29~33 mm，头宽约 4.8 mm。暗黄色头部近圆形，头部前顶毛排各 8 根，后顶毛 10~14 根，额中侧毛列各 2~4 根。前爪大、后爪小。腹部末端 2 节背面为泥褐色且带有微蓝色。臀腹面具刺毛列多由 13~14 根长锥刺组成，两列刺尖相交或相遇，其后端稍向外岔开，钩状毛分布在刺毛列周围。肛门孔横裂状。

蛹：略呈扁椭圆形，长约 18 mm，宽约 9.5 mm，土黄色。腹部背面有 6 对发音器。雌蛹末节腹面平坦且有细小的飞鸟形皱纹，雄蛹末节腹面中央阳基呈乳头状。临羽化时前胸背板、翅芽、足变绿。

13.3.4 黑绒鳃金龟

成虫：体小，长 7~10 mm，宽 4~5 mm，卵圆形，前狭后宽；体黑褐色，体表有丝绒般的光泽。触角 10 节，赤褐色。每条鞘翅各有 9 条浅纵沟，刻点细小而密，侧缘列生刺毛（图 13.3）。

卵：椭圆形，长 1.1~1.2 mm，乳白色，光滑。

幼虫：乳白色，体长 14~16 mm，头宽 2.5 mm。头部前顶毛每侧 1 根，额中毛每侧 1 根。腹毛区中间的裸露区呈楔形，后缘有 20~26 根锥状刺组成弧形横带，中央有明显中断。

蛹：长 8 mm，黄褐色，头部黑褐色，复眼朱红色。

图 13.3 黑绒鳃金龟

13.4 生活习性

金龟甲一般 1~2 年完成 1 代。大黑鳃金龟在华南地区 1 年发生 1 代，在其他地方一般 2 年发生 1 代，部分个体 1 年可以完成 1 代，在黑龙江部分个体 3 年才能完成 1 代。暗黑鳃金龟在河北、河南、山东、江苏、安徽等地 1 年发生 1

代。铜绿丽金龟1年发生1代。黑绒鳃金龟1年发生1代。以成虫或幼虫在土中越冬，越冬深度因地而异。成虫都具有趋光性、趋化性、趋粪性。

13.5 为害特点

均以幼虫为害小麦，主要是咬断麦苗根茎，秋季造成缺苗断垄，春季形成枯心苗，导致小麦植株提前枯死。蛴螬咬断处切口整齐，以此区别于其他地下害虫（图13.4）。

图13.4 蛴螬田间为害状

第十四章
苹毛丽金龟

14.1 分类地位

苹毛丽金龟 *Proagopertha lucidula*（Faldermann）隶属于鞘翅目丽金龟科。

14.2 分布与寄主

据文献报道，苹毛丽金龟在我国华北、东北和黄淮地区均有分布。寄主约有11 科 30 种，包括杨、柳、榆和多种果树及小麦等。

14.3 形态特征

成虫体长 10 mm 左右，卵圆形，头、胸背面紫铜色，上有刻点，全身密被黄白色绒毛，小盾片半圆形，鞘翅茶褐色，具光泽，且半透明，通过鞘翅可看出后翅折叠成"V"形。腹部两侧有明显的黄白色毛丛，末端露出鞘翅之外。后足胫节宽大，有长、短距各 1 根（图 14.1 - 图 14.3）。

14.4 生活习性

1 年发生 1 代，以成虫越冬。4 月上中旬是成虫活动高峰期，当气温达到11℃以上时，成虫开始出土，但很少取食，只在地面或杂草上爬行。当气温达到20℃时，多在向阳处沿地表成群飞舞或在地面上寻找配偶，当下午气温下降后，又潜入土中。成虫趋光性弱，有假死性。成虫喜取食花、嫩叶和未成熟的果实。

14.5 为害特点

截至目前，北京、山东等地发现苹毛丽金龟为害冬小麦，在北京一般发生地块虫量为 2~4 头 /m²，偏重发生地块，虫量最高达 54 头 /m²。白天成虫一般分布于麦株中上部，在中上部麦叶正面取食。成虫啃食叶肉后，形成透明天窗或网状小孔，从而造成为害。偏重发生地块，苹毛丽金龟既可分散为害，也可聚集为害。与分散为害相比，聚集中心内麦叶受害明显较重（图14.4-图14.6）。

图 14.1 苹毛丽金龟

图 14.2 苹毛丽金龟（示"∨"形后翅）

图 14.3 苹毛丽金龟（侧面）

图 14.4　苹毛丽金龟
　　　　 啃食叶片

图 14.5　苹毛丽金龟
　　　　 聚集为害状

图 14.6　苹毛丽金龟
　　　　 为害小麦症状

第十五章
金针虫

15.1 分类地位

金针虫又称铁丝虫、铁条虫、硬筋虫等，是叩头甲幼虫的通称，均隶属于鞘翅目叩甲总科，属于重要地下害虫种类。在我国为害农作物的金针虫有数十种，其中发生普遍对小麦为害严重的种类有沟金针虫 *Pleonomus canaliculatus* (Faldermann)（沟叩头甲）、细胸金针虫 *Agriotes fuscicollis* Miwa（细胸锥尾叩甲）和褐纹金针虫 *Melanotus caudex* Lewis（褐纹梳爪叩甲）。另外，宽背金针虫 *Selatosomus latus* (Fabricius)（宽背亮叩甲）等在一些地区发生为害也较为普遍。

15.2 分布与寄主

沟金针虫是亚洲大陆特有的种类，国内分布南起长江流域，北至辽宁和内蒙古，西达甘肃、青海，主要发生在旱地平原地区，适生于有机质较缺乏而土质较疏松的粉砂壤土和粉砂黏壤土地带，是我国中部和北部旱作地区的重要地下害虫。细胸金针虫较耐低温，分布偏北，南起淮河流域，北至黑龙江沿岸，以及西北甘肃等省区都有为害，主要发生在水浇地和沿河低洼地，如内蒙古东半部的辽河、清河沿岸，西部河套地区，宁夏银川平原，山东南部黄河沿岸，以及黑龙江流域的黑土地带或黏性土壤等地区。褐纹金针虫主要分布于冀、豫、晋、陕、鄂、桂、甘等省区，在华北地区常与细胸金针虫混合发生，以水浇地、有机质丰富的地块发生较多。金针虫可以为害小麦、大麦、谷子、玉米、高粱、甘蔗、棉花、马铃薯、白菜、甜瓜、芝麻、豆类等。

15.3 形态特征

15.3.1 沟金针虫

成虫： 雌虫体长 14~17 mm，宽 4~5 mm；雄虫体长 14~18 mm，宽约

3.5 mm。体形雌雄差异较大。雌虫扁平宽阔，背面拱隆；雄虫细长瘦狭，背面扁平。体深褐色或棕红色，全身密被金黄色细毛，头和胸部的毛较长。头部刻点粗密，头顶中央呈三角形低凹。雌虫触角略呈锯齿状，11 节，长约前胸的 2 倍；雄虫触角细长，12 节，约与体等长。雌虫前胸发达，前窄后宽，向背后呈半球形隆起；前胸密生刻点，在正中部有极细小的纵沟。鞘翅雄虫狭长，两侧近平行，端前收狭，末端略尖；雌虫较肥阔，末端钝圆，表面拱凸，刻点较头部和胸部为细。雌虫后翅退化。足雄虫细长，雌虫明显粗短（图 15.1）。

卵：椭圆形，乳白色，长约 0.7 mm，宽约 0.6 mm。

幼虫：老熟幼虫体长 25~30 mm，最宽处约 4 mm，体形扁平，全体金黄色，被金色毛，表皮坚硬，口器和头部黑褐色，头部扁宽。全身各节背面中央有 1 条细纵沟。尾部黄褐色背面略为凹进，密布刻点，两侧隆起，侧缘各有 3 个锯齿状突起，尾端分叉（图 15.2–图 15.3）。

图 15.1　沟金针虫成虫

图 15.2　沟金针虫幼虫
　　　　（生态照）

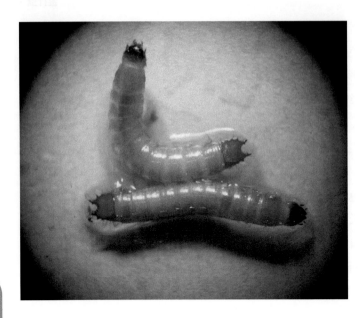

图 15.3　沟金针虫幼虫
（室内拍摄）

蛹： 纺锤形，长 15~22 mm，宽 3.5~4.5 mm。前胸背板隆起呈半圆形，前缘及后缘角各有 1 对剑状长刺，中胸较后胸为短。足腿节与胫节并叠，与体躯略成直角。腹部末端瘦削，尾端自中间裂开，有刺状突起。蛹初期淡绿色，后渐变为深色。

15.3.2　细胸金针虫

成虫： 体长 8~9 mm，宽约 2.5 mm。体形细长，背面扁平。头、胸部暗褐色，鞘翅、触角和足棕红色。体密被黄色短毛，有光泽。头顶拱凸，刻点深显。额唇基前缘和两侧高出呈脊状，明显高出上唇和触角窝，其顶端平截或略弓弧。触角细短，第 1 节粗长，第 2 节稍长于第 3 节，自第 4 节起略呈锯齿状；各节基细、端粗，彼此约等长，末节呈圆锥形。鞘翅狭长，长约为头胸的 2 倍，每侧具有 9 行刻点沟。足粗短，各足腿节向外不超过体侧，跗节 1~4 节的节长渐短，爪单齿式。

卵： 近球形，乳白色，长 0.5~1.0 mm。

幼虫： 老熟幼虫体长约 32 mm，宽约 1.5mm。头扁平，口器深褐色。第 1 胸节较第 2、第 3 节稍短，1~8 腹节略等长，尾圆锥形，近基部两侧各有 2 个褐色圆形斑和 4 条褐色纵纹，顶端有 1 个圆形突起（图 15.4－图 15.6）。

蛹： 纺锤形，长 8~9 mm。化蛹初期体乳白色，后变黄色；羽化前复眼黑色，口器淡褐色，翅芽灰黑色。

图 15.4　细胞金针虫幼虫

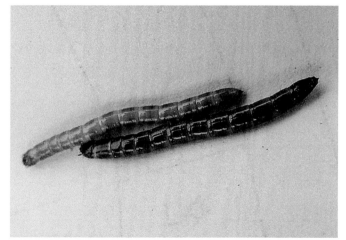

图 15.5　细胞金针虫幼虫
（不同体色）

鞘翅目害虫·金针虫

图 15.6　细胞金针虫幼虫
（尾部特征）

15.3.3 褐纹金针虫

成虫： 茶褐色。雌体长 15~17 mm，宽约 4 mm；雄体长 12~13 mm，宽 3 mm。体细长，并密被灰色短毛。头部凸出，黑色，密生较粗刻点。触角暗褐色，第 2、第 3 节略成球形，第 4 节较第 2、第 3 节稍长，第 4~10 节锯齿状。前胸背板黑色，刻点较头部为小，后缘角向后突出。鞘翅黑褐色，长约为头胸部的 2.5 倍，有 9 条纵裂的刻点。腹部暗红色，足暗褐色。

卵： 椭圆形，长约 0.5 mm，宽约 0.4 mm。初产时乳白略黄。孵化前呈长卵圆形，长 3 mm，宽约 2 mm。

幼虫： 老熟幼虫体长约 30 mm，宽约 1.7mm，长圆筒形，茶褐色，有光泽。第 2 胸节至第 8 腹节各节前缘两侧有深褐色新月形斑纹，尾节颜色较深，扁平，近末端有 3 个小突起（图 15.7-图 15.8）。

蛹： 体长 9~12 mm，初蛹乳白色，后变黄色，羽化前棕黄色。前胸背板前缘两侧各斜竖 1 根尖刺。尾节末端具 1 根粗大臀棘，着生有斜伸的两对小刺。

细胸金针虫与褐纹金针虫的区别详见图 15.9。

图 15.7 褐纹金针虫幼虫（头部、尾部）

鞘翅目害虫 · 金针虫

图 15.8 褐纹金针虫幼虫

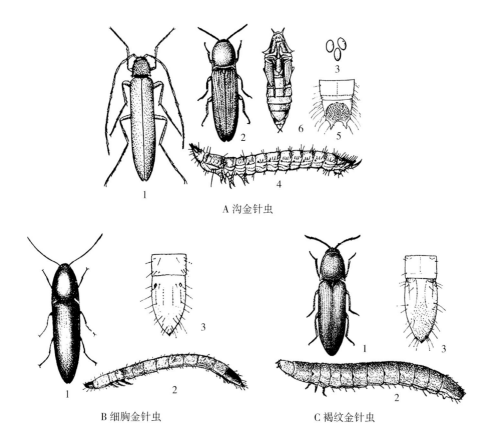

A 沟金针虫

B 细胸金针虫　　　　　　C 褐纹金针虫

图 15.9 金针虫形态模式图（仿西北农学院）

A: 沟金针虫（1. 雄成虫；2. 雌成虫；3. 卵；4. 幼虫；5. 幼虫腹部末节；6. 蛹；

B: 细胸金针虫（1. 成虫；2. 幼虫；3. 幼虫腹部末节）；C: 褐纹金针虫（1. 成虫；2. 幼虫；3. 幼虫腹部末节）

15.3.4　宽背金针虫

成虫： 雌虫体长 11~13 mm，雄虫体长 91~12 mm。体黑色，前胸和鞘翅带有青铜色或蓝色。头具粗大刻点。触角暗褐色而短，端不达前胸背板基部，第 1 节粗大，棒状，第 2 节短小，略呈球形，第 3 节比第 2 节长 2 倍，从第 4 节起各节略呈锯齿状。前胸背板横宽，侧缘具有翻卷的边沿，向前呈圆形变狭，后角尖锐刺状，伸向斜后方。小盾片横宽，半圆形。鞘翅宽，适度凸出，端部具宽卷边，纵沟窄，有小刻点，沟间突出。足棕褐色，腿节粗壮，后跗节明显短于胫节。

幼虫： 老熟幼虫体长 20~22 mm，体棕褐色。腹部背片不显著凸出，有光泽，隐约可见背纵线。腹部第 9 节端部变窄，背片具圆形略凸出的扁平面，上覆有 2 条向后渐近的纵沟和一些不规则的纵皱，其两侧有明显的龙骨状缘，每侧有 3 个齿状结节。尾节末端分岔，缺口呈横卵形，开口约为宽径之半。左右两岔突大，每一岔突的内枝向内上方弯曲；外枝如钩状，向上，在分枝的下方有 2 个大结节：一个在外枝和内枝的基部，一个在内枝的中部。

蛹： 体长约 10 mm。初蛹乳白色，后变白带浅棕色，羽化前复眼变黑色，上颚棕褐色。前胸背板前缘两侧各具 1 尖刺突，腹部末端钝圆状，雄蛹臀节腹面具瘤状外生殖器。

15.4　生活习性

多数金针虫种类多年发生一代，一般以刚刚羽化的成虫在原来的土室内越冬。成虫具有趋光性和假死性。除幼虫为害以外，成虫也需要取食少量的寄主植物补充营养。多数种类幼虫有自相残杀习性。

15.5　为害特点

金针虫以幼虫造成为害，为害期主要发生于小麦返青拔节期，被害部位不整齐，多呈丝状，被金针虫咬食时后形成枯心苗。小麦成株期被害时，根部呈丝窝状，上部麦穗枯死（图 15.10-图 15.14）。

图 15.10　金针虫为害小
　　　　　麦苗根部造成
　　　　　丝窝状

图 15.11　金针虫为害
　　　　　麦苗形成枯心
　　　　　（苗期）

图 15.12　金针虫为害
　　　　　麦苗形成枯心
　　　　　（返青拔节期）

鞘翅目害虫·金针虫

图 15.13 金针虫为害
造成白穗

图 15.14 金针虫为害
造成枯心株
的基部特征

第十六章
双瘤槽缝叩甲

16.1 分类地位

双瘤槽缝叩甲 *Agrypnus bipapulatus*（Candeze），属于鞘翅目叩甲科，以幼虫为害，幼虫也是金针虫的一种。

16.2 分布与寄主

国内分布于北京、河北、吉林、辽宁、内蒙古、河南、江苏、湖北、陕西、江西、福建、台湾、广西、四川、贵州、云南等地，国外见于日本、朝鲜半岛。寄主主要有花生、甘薯、麦类、棉花、玉米、大麻等。

16.3 形态特征

成虫： 体长约 16.5 mm，体宽约 5 mm。体黑色，密被褐色和灰色的鳞片状扁毛，可形成一些模糊的云状斑，尤其是在鞘翅上。触角红色，基部几节红褐色；第 1 节粗，棒状；第 2、第 3 节细，近等长，锥状；第 4~10 节锯齿状，前几节长宽近相等，向端部明显过渡到长大于宽；末节近菱形，近端部缢缩，顶端呈圆形突出。前胸背板长大于宽，盘区中央有 2 横瘤，后部倾斜，小盾片前方的前胸背板后缘中央上凸。前胸侧缘长大于中宽；侧缘光滑，呈弧形略弯曲，向前变狭，向后近后角处呈波状，前缘向后呈半圆形凹入；前角突出；后角宽大，向两侧分叉，端部明显截形，表面外侧隆起，近外缘有一条短脊，几乎和外缘重合。小盾片自中部向基部狭缩，向端渐尖。鞘翅等宽于前胸基部，自基部向中部微弱扩宽，然后呈弧形弯曲变狭；端缘完全。腹面具有和背面相同的颜色和鳞片毛；刻点明显。足红褐色，跗节腹面密集有灰白色的垫状绒毛（图 16.1－图 16.2）。

其他虫态： 不详。

图 16.1 双瘤槽缝叩甲
（成虫，背面观）

图 16.2 双瘤槽缝叩甲
（成虫，背面观）

16.4 为害特点

麦田可见成虫，为害信息不详。

第十七章
负泥虫

17.1 分类概况

负泥虫又称负泥甲、背粪虫，属鞘翅目叶甲科，其幼虫 3 龄以后，头胸部变细，腹背隆起膨大，肛门在背面，体外常具泥状粪便，因此得名负泥虫。据调查，小麦田负泥虫种类主要有谷子负泥虫 *Oulema tristis*（Herbst）、稻负泥虫 *Oulema oryzae*（Kuwayama）和小麦负泥虫 *Oulema erichsoni*（Suffrian）3 种，本书着重予以介绍。另外，《中国经济昆虫志》还记录中华负泥虫 *Lilioceria sinica*（Heyden）、隆顶负泥虫 *Lilioceria merdigera*（Linnacus）、红颈负泥虫 *Lilioceria ruficollis*（Baly）、十四点负泥虫 *Crioceris quatuordecimpunctata*（Scopoli）等种类的寄主为小麦，但近年来未见相关报道，本书未加详细描述。

17.2 分布与寄主

谷子负泥虫：国内见于华北、西北、东北等地区，国外见于日本、俄罗斯、朝鲜半岛、欧洲等地。为害小麦、谷子等禾本科作物。

水稻负泥虫：国内见于大部分水稻产区，国外朝鲜半岛、日本均有分布。主要为害水稻，还可以为害小麦、大麦、玉米、粟、芦苇、茭白、白茅等植物。

小麦负泥虫：国内见于华北、吉林、黑龙江、辽宁，国外分布于俄罗斯、日本、欧洲等地。为害小麦，在日本也是大麦的重要害虫。

17.3 形态特征

17.3.1 谷子负泥虫

成虫： 体长 3.5~4.5 mm，宽 1.6~2 mm。头、前胸背板、小盾片钢蓝色。头具粗刻点，顶后有 1 个短纵凹。触角丝状，长褐黑色，11 节。前胸背板长大于宽，前缘平直，后缘拱出，两侧于中后部内凹；基横凹明显，中央有 1 个短纵凹；盘区隆起，中纵线具 2 行排列不整齐的刻点。小盾片倒梯形。鞘翅蓝黑色，有金属光泽，平坦，刻点行整齐，行距平坦。足黄褐色，基节钢蓝色，爪褐黑色（图 17.1）。

卵：长椭圆形，长约 0.7mm，初为淡黄色，后变黑褐色。

幼虫：4 龄，体色淡黄，头红褐色。老熟幼虫体长 6~8mm，背呈球形隆起，5~6 节最为凸出。背部有泥状物，天气潮湿时更为明显（图 17.2）。

蛹：长 5mm，黄色，外有灰色絮状茧。

图 17.1　谷子负泥虫
　　　　（成虫）

图 17.2　谷子负泥虫
　　　　（幼虫）

鞘翅目害虫·负泥虫

17.3.2 水稻负泥虫

成虫： 体长 3.7~4.6 mm，宽 1.6~2.2 mm。头、复眼黑色、触角（基部两节橙红色）钢蓝色或接近黑色；头具刻点，头顶后有 1 纵凹；触角丝状，11 节，长为身体一半。前胸背板橙红色，长大于宽，前后缘近平直，两侧前部平直，中后部收狭，基横凹不深，正中央有 1 条短纵沟，中纵线具 2 行排列不整齐的刻点。鞘翅青蓝色，具金属光泽，两侧近于平直，肩胛内侧有 1 浅凹，刻点行整齐，行距平坦。小盾片倒梯形，钢蓝色，刻点行整齐，有 3~6 个刻点。足多呈黄色或黄褐色（图 17.3）。

卵： 长椭圆形，长 0.7 mm，初产时鲜黄色，后变为褐绿色。

幼虫： 近梨形，老熟幼虫体长约 5 mm，头部黑色（图 17.4）。

蛹： 与谷子负泥虫类似。

图 17.3 水稻负泥虫
（成虫）

图 17.4　水稻负泥虫
（幼虫）

17.3.3　小麦负泥虫

成虫：体长 4.5~5.0 mm，宽 1.7~2.4 mm。头、触角（1~3 节除外）及足黑色，覆黄毛。头部具刻点，额唇基刻点粗密。触角丝状，长褐黑色，11 节。前胸背板长略大于宽，前缘较直，后缘微凸，两侧于中后部收狭；前角微突出，基横凹不深，中纵沟短，凹前明显隆起，中纵线具 2~3 行排列不整齐的刻点。鞘翅深蓝色，有金属光泽，鞘翅基部四分之一隆起，刻点行整齐，行距平坦。小盾片倒梯形。腹面蓝黑色。

17.4　生活习性

　　3 种负泥虫生活习性相似，在新疆地区负泥虫 1 年发生 1 代，以成虫潜伏在枯枝落叶、杂草根际及土层 0.5~1.0 cm 处越冬，翌年 5 月上旬开始出蛰，温度较低或高海拔地区出蛰时间可延迟至 6 月初，出土后取食、交尾、产卵。卵单产或多粒平行于叶脉呈链状排列。卵期 13~15 天。幼虫盛期时小麦多为拔节抽穗期，幼虫共 4 龄，历期 20 多天，老熟后爬入土壤浅表层分泌泡沫状或絮状物包围裸露的身体，再作茧化蛹，蛹期 20 天左右。羽化出土的新成虫只啃食不交尾，9 月上旬开始进入背风向阳麦田及附近杂草茎基土层中越冬，翌年 5—6 月出土取食，交尾产卵。成虫有假死性，寿命可达 1 年。

　　秋冬季干旱、温暖、雨雪少，翌年温暖、高湿、多雨时，发生严重。连茬地较轮作地受害重，早播田较晚播田受害重。田间施用的有机肥未经腐熟、施用氮素偏多、栽培过密、田间郁闭等条件有利于负泥虫发生发展。气温越高，发生越多。中午尤为活跃。据笔者 2018 年 5—6 月在新疆昌吉奇台县调查，当地麦田负泥虫种类绝大部分为水稻负泥虫，北部平原地区的发生时间明显早于南部江布拉克。

17.5 为害特点

负泥虫近年来在新疆昌吉、阿勒泰、伊利等地部分麦田发生较重，严重地块虫量超 20 头 /m²，可使粮食减产 10%~25%。成幼虫均可为害，成虫出土时间为小麦返青拔节期，幼虫为害在孕穗期，因此，成虫取食下部叶片，幼虫多取食旗叶和旗下叶。绝大多数成虫在小麦叶片正面活动，也有少数在叶片背面、茎秆、穗部活动。成虫主要啃食叶片，残留叶脉或一层透明表皮，受害叶片上出现白色条斑或全叶发白焦枯，严重时整株枯死。幼虫除啃食外，也可以钻入心叶内，舔食叶肉，叶面出现白条状食痕，造成叶面枯焦，使叶片无法进行光合作用（图 17.5- 图 17.7）。

图 17.5 负泥虫及为害状
（新鲜食痕）

图 17.6 负泥虫为害旗叶
（白条状食痕）

鞘翅目害虫·负泥虫

图 **17.7** 负泥虫为害叶片
（白色食痕）

第十八章
大灰象

18.1 分类地位

大灰象 *Sympiezomias* cf. *velatus*（Chevrolat），又称大灰象甲，隶属于鞘翅目象甲科。经中国科学院动物研究所专家鉴定，因为大灰象 *S. velatus* 和北京灰象 *S. herzi* 没有很大区别，甚至两种灰象的外生殖器特征区别非常小，鉴于北京两个种都有分布记录，而大灰象的标本数量更多些，所以种名前加了 cf.。

18.2 分布与寄主

国内分布于辽宁、吉林、黑龙江、内蒙古、北京、河北、河南、山东、湖北、山西、陕西、甘肃、宁夏等地。杂食性，可取食云杉、樟子松、油松等树木，也可为害辣椒、小麦等农作物。

18.3 形态特征

成虫：体长 9.5~12 mm，宽 3.2~5.2 mm，体灰黄色或黑褐色，密被灰白色、灰黄色或黄褐色鳞毛。眼大，头管粗短而宽，先端呈三角形凹入，表面有 3 条纵沟，中央 1 沟黑色。鞘翅宽卵形或椭圆形，鞘翅上各具 1 近环状的褐色纵短纹和 10 行刻点列。后翅退化。雌虫腹部末端较尖削，末节腹面具 2 个灰白色斑，雄虫腹面较钝圆，末节腹面有白色横带状纹（图 18.1- 图 18.2）。

卵：长椭圆形，初产时乳白色，两端半透明，近孵化时乳黄色。

幼虫：体长 14 mm，乳白色。头部米黄色。上颚褐色，先端有 2 尖齿，后方有 1 个钝齿，内唇前缘有 4 对齿状突起，中央有 3 对齿状小突起。肛门孔暗色。

蛹：椭圆形，体长 9~10 mm。乳黄色，复眼黑褐色。头顶及腹背疏生刺毛。尾端向腹面弯曲，其末端两侧各具 1 刺。

图 18.1 大灰象交尾
（背面观）

鞘翅目害虫·大灰象

图 18.2 大灰象交尾及
取食为害状
（侧面观）

18.4 生活习性

　　每2年发生1代，以幼虫和成虫在土中越冬，4月中下旬越冬成虫出土活动，群集交尾。6月陆续孵化为幼虫，9月下旬幼虫做土室越冬。翌年4月上旬春暖后继续取食，至6月下旬开始化蛹，7月中旬羽化成虫，并在土中越冬。成虫不能飞翔，具有隐蔽性和假死习性。

18.5 为害特点

　　麦田发生数量少，成虫取食叶片，沿边缘蚕食，食痕呈半圆形缺刻。在其他寄主上有记载幼虫取食幼苗，但是对幼苗为害不明显（图 18.3）。

图 18.3 正在交尾的大灰象及取食为害状

鞘翅目害虫·大灰象

半翅目

第十九章
小麦蚜虫

19.1 分类地位

　　小麦蚜虫隶属于半翅目蚜科（旧为同翅蚜科），俗称腻虫、蜜虫等。世界上为害麦类作物的蚜虫多达 30 余种，在我国主要有荻草谷网蚜（旧称麦长管蚜）*Sitobion miscanthi*（Takahashi）、禾谷缢管蚜 *Rhopalosiphum padi* Linnaeus、麦无网长管蚜（也称麦无网蚜）*Metopolophium dirhodum*（Walker）和麦二叉蚜 *Schizaphis graminum*（Rondani）4 种。其中荻草谷网蚜、禾谷缢管蚜和麦二叉蚜于 2020 年 9 月 15 日被列入我国一类农作物病虫害名录。

19.2 分布与寄主

　　不同种类小麦蚜虫在我国的分布有所差异。其中，荻草谷网蚜在全国麦区均有发生，是大多数麦区的优势种之一；麦二叉蚜在各省（自治区、直辖市）均有分布记录，但主要分布在我国北方冬、春麦区，特别是华北、西北等较干旱地区发生严重；禾谷缢管蚜分布于华北、东北、华南、华东、西南各麦区，在多雨潮湿麦区常为优势种之一；麦无网长管蚜主要分布在华北、华中及宁夏、云南和西藏等地。小麦蚜虫的寄主除小麦外，还有大麦、燕麦、青稞、水稻、高粱、玉米等及禾本科杂草。

19.3 形态特征

　　荻草谷网蚜： 无翅孤雌蚜体长约 3.1 mm，宽约 1.4 mm，长卵形，体黄绿色至橙红色，穗期颜色变异较大，头部略显灰色，腹侧具灰绿色斑，触角、喙端部、跗节、腹管黑色，尾片色浅。额瘤显著外倾，触角细长，全长不及体长，喙粗大，超过中足基节。腹部第 6~8 节及腹面具横网纹。腹管长筒形，长约为体长的 1/4，在端部有十几行网纹。尾片圆锥形，长为腹管的 1/2。有翅孤雌蚜体长 3.0 mm，卵圆形，黄绿色，触角黑色，喙不达中足基节，前翅中脉三叉，分叉大（图 19.1-图 19.5）。

图 19.1 荻草谷网蚜
（有翅成蚜、若蚜）

1 000μm

图 19.2 荻草谷网蚜
（有翅若蚜）

图 19.3 荻草谷网蚜
（有翅成蚜、
不同龄期
若蚜）

图 19.4　荻草谷网蚜
（不同体色
无翅蚜）

图 19.5　荻草谷网蚜
（成群聚集的
不同体色无
翅蚜）

半翅目 · 小麦蚜虫

　　禾谷缢管蚜：无翅孤雌蚜体长约 1.9 mm，宽卵形，暗绿色，体末端有 2 个红褐色斑，复眼黑色。触角 6 节，长超过体长之半，额瘤不明显。腹管短筒形，不超过腹末，中部稍粗壮，近端部呈瓶口状缢缩。有翅孤雌蚜体长约 2.1 mm，长卵形，头、胸黑色，腹部深绿色，前翅中脉三叉（图 19.6–图 19.8）。

图 19.6 禾谷缢管蚜
（无翅蚜、若蚜，
室内拍摄）

图 19.7 禾谷缢管蚜
（有翅蚜、无翅
蚜，田间拍摄）

图 19.8 禾谷缢管蚜
为害小麦
（穗和叶）

半翅目·小麦蚜虫

　　麦无网长管蚜：无翅孤雌蚜体长 2.0~2.4 mm，长椭圆形，淡绿色，背部有绿色或褐色纵带。复眼紫色，触角 6 节，长超过体长之半。有翅蚜前翅中脉三叉（图 19.9– 图 19.13）。

图 19.9　麦无网长管蚜
　　　　　（有翅蚜、
　　　　　无翅蚜）

图 19.10　麦无网长管蚜
　　　　　（各龄期有翅
　　　　　蚜、无翅蚜）

图 19.11　麦无网长管蚜
　　　　　（有翅蚜、
　　　　　无翅蚜及
　　　　　为害状）

图 19.12　麦无网长管蚜
（无翅蚜）

图 19.13　麦无网长管蚜
（无翅蚜产仔）

半翅目·小麦蚜虫

　　麦二叉蚜：无翅孤雌蚜体长 2.0 mm，卵圆形，淡绿色或黄绿色，有深绿色背中线，腹管浅绿色，顶端黑色。中胸腹岔具短柄，喙超过中足基节。有翅孤雌蚜体长 1.5 mm，长卵形，绿色，背中线深绿色，头、胸黑色，腹部色浅，触角全长超过体之半，前翅中脉二叉状（图 19.14–图 19.16）。

图 19.14 麦二叉蚜田间
为害叶片症状

图 19.15 麦二叉蚜
（无翅型）

图 19.16 麦二叉蚜
（有翅型）

19.4 生活习性

小麦蚜虫有多型现象，一般全周期蚜虫有 5~6 型，即干母、干雌、有翅/无翅孤雌胎生雌蚜、雌性蚜和雄性蚜。干母、无翅孤雌胎生雌蚜和雌性蚜外部形态基本相同，只是雌性蚜在腹部末端可看到产卵管。雄性蚜和有翅孤雌胎生雌蚜亦相似，除具性器官外，一般个体稍小。4 种常见麦蚜在温暖地区可全年行孤雌生殖，不发生性蚜世代，表现为不全周期型；在北方寒冷地区，孤雌世代和两性世代交替，则表现为全周期型。年发生代数因地而异，一般可发生 18~30 代。荻草谷网蚜和麦二叉蚜以成蚜、若蚜或以卵在冬麦田的麦苗和禾本科杂草基部或土缝中越冬；禾谷缢管蚜在李、桃等木本植物上产生雌、雄两性蚜交尾产卵，以卵在北方越冬；麦无网长管蚜在蔷薇属植物上产性蚜，交配产卵越冬。

荻草谷网蚜喜光照，较耐氮素肥料和潮湿，多分布在植株上部，叶片正面，特嗜穗部，成蚜、若蚜均易受振动而坠落逃散。荻草谷网蚜在8℃以下活动甚少，适宜温度为16~25℃，最适温度是16.5~20℃，28℃以上时生育停滞。适宜的相对湿度范围是40%~80%，最适为61%~72%，大多在雨量充足的地方和水浇地发生。禾谷缢管蚜最耐高温高湿，但畏光，喜施氮素肥料多和植株密集的高肥田，嗜食茎秆、叶鞘，多分布于植株下部的叶鞘、叶背，密度大时亦上穗，其成蚜、若蚜较不易受惊动，一般在5日均温8℃时开始活动，18~24℃最为有利，30℃时还能很快繁殖为害。最适宜相对湿度范围是68%~80%。麦无网长管蚜嗜食性介于麦长管蚜与麦二叉蚜之间，以为害叶片为主，常分布于植株中下部。成蚜、若蚜易受振动而坠落。麦二叉蚜最耐低温、喜干旱，不喜施氮素肥料多的植株，多分布在植株下部和叶片背面，成蚜、若蚜受振动时具假死现象而坠落。麦二叉蚜在5℃左右时开始活动，繁殖适温为8.2~20℃，最适温度是13~18℃，适宜的相对湿度是35%~67%，大多发生在年降水量500 mm以下的地区。

19.5 为害特点

小麦从出苗到成熟，均有小麦蚜虫为害，但不同生育期为害造成的损失有很大差异，而且不同蚜种为害程度亦不同。蚜虫为害主要分为直接为害和间接为害。直接为害是以成蚜、若蚜吸食小麦叶、茎、嫩穗的汁液，并排泄蜜露。被害处呈浅黄色斑点，严重时叶片发黄，甚至整株枯死。小麦灌浆、乳熟期是小麦蚜虫发生为害的高峰期，造成籽粒干瘪，千粒重下降，引起严重减产；乳熟期后，小麦蚜虫的数量急剧下降，不再为害。间接为害是有些蚜虫种类如麦二叉蚜可以传播小麦黄矮病毒，造成大面积减产（图 19.17-图 19.20）。

图 19.17　荻草谷网蚜
　　　　　为害麦穗

图 19.18　禾谷缢管蚜
　　　　　为害茎基部

图 19.19　禾谷缢管蚜
　　　　　为害茎秆

图 19.20 麦无网长管蚜
为害中下部叶
片和茎秆

第二十章
麦双尾蚜

20.1 分类地位

麦双尾蚜 *Diuraphis noxia*（Mordvilko），别称俄罗斯麦蚜，隶属于半翅目蚜科。

20.2 分布与寄主

我国仅有新疆地区有分布，属于世界性的麦类作物害虫，寄主有小麦、大麦、黑麦、燕麦、雀麦等 70 余种禾本科作物或杂草。

20.3 形态特征

无翅孤雌胎生雌蚜体长约 1.59 mm，宽约 0.6 mm，体浅绿色，中胸腹岔无柄至两臂断开。两触角 0.74 mm。喙达中胸基节。腹管长不及基宽。第 8 腹节背片中央具上尾片，长为尾片的 0.55 倍。尾片毛 5 根或 6 根，上尾片具短毛 4~5 根，尾板毛 9 根，生殖板毛 20 根。有翅孤雌胎生雌蚜体长约 2.46 mm，宽约 0.82 mm。触角长约 0.74 mm（图 20.1）。

图 20.1 麦双尾蚜无翅型
（张润志 摄）

20.4 生活习性

麦双尾蚜在寒冷地区营全周期生活，每年发生 10~11 代。秋末冬初，产雌性蚜和雄性蚜，交尾后把卵产在麦类作物或禾本科杂草上，翌春卵孵化，在上述寄主上孤雌生殖 3 个世代，一、二代为无翅型，三、四代部分为有翅型，向外迁飞或为害到麦收。在温暖地区麦双尾蚜营不全周期孤雌生殖。在新疆地区，麦双尾蚜与麦二叉蚜的发生期最接近，但与其他蚜虫的空间生态位重叠度不大。

20.5 为害特点

叶片被害后，紧密纵卷呈筒状，叶片表面失绿形成白色纵条，在气温较低时，受害叶片有紫色条斑。目前是否传播病毒还存在争议（图 20.2）。

图 20.2 麦双尾蚜为害状
（张润志 摄）

半翅目·麦双尾蚜

第二十一章
条赤须盲蝽

21.1 分类地位

条赤须盲蝽又称赤须盲蝽、赤角盲蝽、赤须蝽，学名：*Trigonotylus coelestialium* (Kirkaldy，1902)，属半翅目盲蝽科赤须盲蝽属。据《中国动物志》第 33 卷记录，诸多文献中所记的赤须盲蝽 *Trigonotylus ruficornis* Geoffroy，实际均为 *T. coelestialium* 或其他种类的误定，*T. ruficonis* 在我国及亚洲东部没有分布。

21.2 分布与寄主

国内分布于北京、河北、内蒙古、黑龙江、吉林、辽宁、山东、河南、江苏、江西、安徽、陕西、甘肃、青海、宁夏、新疆等地。寄主有小麦、谷子、玉米、棉花、高粱、燕麦、黑麦、甜菜等农作物和多种禾本科杂草。

21.3 形态特征

成虫：身体细长，长 4.8~6.5 mm，宽 1.3~1.6 mm，鲜绿色或浅绿色。头略呈三角形，顶端向前突出，头顶中央具 1 纵沟；复眼银灰色，半球形，紧接前胸背板前缘。触角 4 节，等于或略短于体长，红色，第 1 节有明显的红色纵纹 3 条，纹的边缘明显，具暗色毛。喙 4 节，黄绿色，顶端黑，深达后足基节处。前胸背板梯形，具暗色条纹 4 个，前缘具不完整的领片。小盾片黄绿色，三角形，基部未被前胸背板的后缘覆盖。前翅略长于腹部末端，革片爪片绿色，膜片白色透明，长度超过腹部末端。足浅绿或黄绿色，胫节末端及跗节红色、红褐色至黑褐色不等（图 21.1－图 21.3）。

图 21.1 条赤须盲蝽
（成虫，秋苗）

图 21.2 条赤须盲蝽
（成虫，从麦田
迁移至玉米田）

图 21.3 条赤须盲蝽
交尾（成虫）

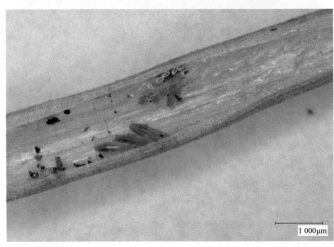

1 000μm

图 21.4 条赤须盲蝽
（卵）

半翅目·条赤须盲蝽

卵： 口袋形，长 1 mm 左右，宽约 0.4 mm，白色透明，卵盖上具突起。初为白色，后变为黄褐色（图 21.4）。

若虫： 5 龄，黄绿色，触角红色，略短于体长，3 龄翅芽出现，4 龄翅芽长达第 1 腹节，5 龄若虫体长 5 mm 左右，翅芽超过腹部第 3 节。

21.4 生活习性

华北地区一年发生 3 代，有世代重叠现象，以卵越冬。翌年 4 月下旬越冬卵开始孵化，5 月上旬进入孵化盛期，5 月中下旬羽化。此时京津冀地区冬小麦处于灌浆期。麦收后，6—9 月，条赤须盲蝽多在玉米田和禾本科杂草为害。冬小麦种植以后，越冬前，条赤须盲蝽会转移至麦田为害，在叶鞘内产卵越冬。每雌产卵一般5~10粒。初孵若虫在卵壳附近停留片刻后，便开始活动取食。成虫于9：00—17：00前活跃，夜间或阴雨天多潜伏在植株中下部叶背面。在京津冀地区，条赤须盲蝽在冬小麦田为害有2个高峰期，第一个时期在小麦越冬前，第二时期为小麦灌浆期。另据观察，该虫有从南到北逐渐增多的现象，因此不排除该种类的一些个体可以顺风迁飞。

21.5 为害特点

条赤须盲蝽成虫、若虫刺吸叶片汁液或嫩茎及穗部，被害叶片初期呈淡黄色小点，后逐渐变成典型的白色雪花斑，严重时整个田块植株叶片上就像落了一层雪花，致使叶片呈现失水状，全株生长缓慢（图12.5-图12.6）。

图21.5 条赤须盲蝽
为害状（秋苗）

图21.6 条赤须盲蝽
为害状（严
重受害叶
片）

第二十二章
西北麦蝽

22.1 分类地位

西北麦蝽 *Aelia sibirica* Reuter，又称麦蝽，属半翅目蝽科。

22.2 分布与寄主

国内宁夏、新疆、甘肃、吉林、河北、山西、陕西、江苏、浙江、江西等省（区）均有分布，以在西北荒沙地区发生严重。可为害麦类、水稻等禾本科植物和苜蓿、桧柏等。

22.3 形态特征

成虫：体长 9~11 mm，体黄至黄褐色背部密生黑色点刻。头较小，长于宽或略长于宽，向前方突出，前端向下，尖而分裂，两侧有黑点。前胸背板有 1 条直贯小盾片的白色纵中线及梭形黑色纵纹。白色纵中线中部靠前最宽，两端渐细，前胸背板稍隆起，前缘稍凹入，两端稍向侧方突出，小盾片发达如舌状，长度超过腹背中央。

卵：长约 1 mm，馒头状，初产白色，逐渐变为土黄色，孵化前呈灰黑色。

若虫：共 5 龄，5 龄若虫体长 8~9 mm，黑色，复眼棕褐色，腹节间黄色。

22.4 生活习性

每年发生 1 代，以成虫及若虫在杂草、落叶及芨芨草丛中越冬，或土块及墙缝内集群越冬。4 月下旬出蛰，首先在芨芨草上取食活动，5 月初迁入麦田，6 月上旬产卵，卵期 8 天左右，6 月中旬进入卵孵化盛期。若虫为害期 40 天左右，为害后成虫或末龄若虫迁回芨芨草，9 月后陆续越冬。成虫虽有翅，但只能短距离飞翔。

22.5 为害特点

吸食叶片汁液，被害麦苗出现枯心，或叶片上显现白斑，以后扭曲为辫子状，严重时麦苗叶子好像被牛羊吃去尖端一样，甚至成片死亡。穗期受害可造成白穗及秕粒，减产30%~80%。

半翅目·西北麦蝽

第二十三章
华麦蝽

23.1 分类地位

华麦蝽 *Aelia fieberi* Scott，别名麦蝽象，属半翅目蝽科。

23.2 分布与寄主

国内分布于黑龙江、吉林、辽宁、甘肃、北京、山西、山东、陕西、湖北、江西、江苏、浙江比较常见。寄主有小麦、水稻及禾本科杂草。

23.3 形态特征

成虫：体长 8~9.5 mm，体近菱形，黄褐至污黄褐色，密布黑刻点。头三角形，长宽约相等，额前部低平，中部微凹入，后端尖角状向下突伸，喙伸达腹部第 3 节。触角基部 2 节黄色，末端 3 节渐红，第 5 节深红色。前胸背板及小盾片表面较平整，纵中线细线状，粗细前后一致；前胸背板纵中线两侧由黑刻点组成的黑宽带，背板侧缘的黑色纵带较宽。爪片及内革片灰暗，刻点黑，革片中部的分叉脉不显著。体下方淡色，有 6 条不完整的黑纵纹。各足股节端半部有 2 个显著的黑斑（图 23.1－图 23.3）。

若虫：共 5 龄，4、5 龄若虫，扁椭圆形，体色黄褐，密布黑刻点，喙达腹部第 1 节。前胸背板侧缘除黑色纵带比成虫深，小盾片三角形（图 23.4）。

23.4 生活习性

黑龙江 1 年发生 1 代，江西九江 1 年发生 2 代，以成虫在向阳麦田、杂草根际越冬。成虫有聚集习性，6—8 月为盛期。卵多产于寄主叶背，卵块排列成整齐的纵列。

图 23.1 华麦蝽为害麦穗
（成虫）

图 23.2 华麦蝽（成虫）

图 23.3 华麦蝽（成虫）

半翅目·华麦蝽

图 23.4 华麦蝽（若虫）

23.5 为害特点

同麦蝽。

第二十四章
二星蝽

24.1 分类地位

二星蝽 *Stollia guttiger*（Thunberg），隶属于半翅目蝽科。

24.2 分布与寄主

国内分布于河北、山西、江苏、浙江、福建、江西、山东、湖北、湖南、广东、广西、四川、贵州、云南、西藏、陕西、台湾等地。食性杂，可以取食水稻、小麦、大麦、高粱、玉米、甘薯、大豆、芝麻、花生、黄麻等作物。

24.3 形态特征

成虫：体长4.5~5.6 mm，宽3.3~3.8 mm。卵圆形，黄褐色或黑褐色，全身密布黑色刻点。头部黑色，触角黄褐色，第5节黑褐色，复眼黑褐色凸出。喙黄褐色，达第1节腹节中部。前胸背板侧角稍凸出，末端圆钝，黑色。侧缘有略卷起的黄白色狭边。小盾片舌状，长达腹部前段，两基角处各有1个黄白色或玉白色的星点。足黄褐色，具黑点，跗节褐色。腹背污黑，侧缘黑白相间。腹面漆黑色，发亮，侧区淡黄，密布黑色小刻点（图24.1–图24.3）。

卵：近圆形，直径约0.7mm，初产时淡黄色，中期灰褐色，近孵时为红褐色。卵壳网状，密被黑色刚毛。

若虫：共5龄，5龄若虫体长4.1~4.3mm，宽约3.3mm。头、胸黑褐色或暗褐色，腹部淡黄褐色，全身密被褐色刻点。前胸背板侧缘前端2/3处黄白色。小盾片基部两侧各有1个近圆形的黄白色大斑。

24.4 生活习性

浙江和江西等地1年发生4代，世代重叠，以成虫越冬。成若虫喜隐蔽，

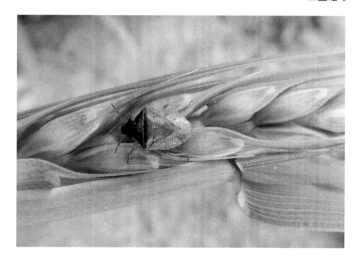

图 24.1　二星蝽（成虫，
　　　　 背面观）

图 24.2　二星蝽（成虫，
　　　　 侧面观）

半翅目·二星蝽

图 24.3　二星蝽（成虫，
　　　　 取食麦穗）

多栖息在嫩穗、嫩茎或浓密的叶丛间，遇到惊吓即跌落地面。成虫有微弱的趋光性。

24.5 为害特点

　　成虫、若虫在叶片吸食汁液，被害处呈黄褐色小点。有时也会为害小穗，导致空壳。

第二十五章
斑须蝽

25.1 分类地位

斑须蝽 *Dolycoris baccarum*（Linnaeus），别名细毛蝽、臭大姐，属半翅目蝽科。

25.2 分布与寄主

我国各地均有分布。寄主有小麦、大麦、水稻、谷子、玉米、棉花、亚麻、豆类、油菜、白菜、甘蓝、甜菜、萝卜、豌豆、胡萝卜、葱及其他农作物。

25.3 形态特征

成虫： 体长 8~13.5 mm，宽 5.5~6.5 mm，椭圆形，黄褐或紫褐色。头部中叶稍短于侧叶，复眼红褐色；触角 5 节，黑色，每节基部和端部淡黄色，形成黑黄相间。喙端黑，伸至后足基节处。前胸背板前侧缘稍向上卷，浅黄色，后部常带暗红色。小盾片三角形，末端钝而光滑，黄白色。前翅革片淡红褐色或暗红色，膜片黄褐色，透明，超过腹部末端。侧接缘外露，黄黑相间。足黄褐色，腿、胫节密布黑色刻点。腹部腹面黄褐色或黄色，具黑色刻点（图 25.1）。

卵： 长约 1 mm，宽约 0.75 mm，桶形，初产浅黄色，后变赭灰黄色，卵壳有网纹，密被白色短绒毛，假卵盖稍突出（图 25.2）。

若虫： 略呈椭圆形，腹部每节背面中央和两侧均有黑斑。高龄若虫头、胸部浅黑色，腹部灰褐色至黄褐色，小盾片显露，翅芽伸至第 1~4 可见节的中部。

25.4 生活习性

每年发生代数因地区而异，黄河以北地区 1 年发生 1~2 代，长江以南地区 1 年发生 3~4 代。吉林 1 年发生 1 代，辽宁 1 年发生 1~2 代，内蒙古 1 年发生

图 25.1 斑须蝽（成虫）

图 25.2 斑须蝽（卵）

2代。以成虫在田间杂草、枯枝落叶、植物根际、树皮及房屋缝隙中越冬。4月初开始活动，4月中旬交尾产卵，4月底5月初孵化，第1代成虫6月初羽化，6月中旬为产卵盛期；第2代于6月中下旬7月上旬孵化，8月中旬开始羽化为成虫，10月上中旬陆续越冬。成虫必须吸食寄主植物的花器营养物质，才能正常产卵繁殖；小麦抽穗后常集中于穗部，卵多产在小穗附近或上部叶片表面上，多行整齐纵列成块，每块 12~24 粒。初孵若虫群聚为害，2 龄后扩散为害。

25.5 为害特点

以成虫和若虫刺吸作物嫩叶、嫩茎及穗部汁液。麦叶受害后先出现白斑，继而变黄，受害轻时，麦株矮小，麦穗少而小，受害严重时不能抽穗，麦株枯干而死，成虫和若虫刺吸嫩叶、嫩茎及穗部汁液。茎叶被害后，出现黄褐色斑点，严重时叶片卷曲，嫩茎凋萎，影响生长（图 25.3）。

图 25.3 斑须蝽刺吸麦穗

半翅目·斑须蝽

第二十六章
条沙叶蝉

26.1 分类地位

条沙叶蝉 *Psammotettix striatus*（Linnaeus），别名条斑叶蝉、火燎子、麦吃蚤、麦猴子等，属半翅目叶蝉科角顶叶蝉亚科。

26.2 分布与寄主

国内分布于东北、华北、西北、长江流域。可为害小麦、大麦、黑麦、青稞、燕麦、莜麦、糜子、谷子、高粱、玉米、水稻等，也可取食狗尾草、马唐、画眉草、雀麦、稗草等禾本科杂草。

26.3 形态特征

成虫：体长 3.7~4.6 mm，全体灰黄色。头部呈钝三角形，头冠近端处具 1 对浅褐色斑纹，后与黑褐色中线接连，两侧中部各具 1 不规则的大型斑块，近后缘处两侧各有 2 个逗点形纹，颜面两侧有黑褐色横纹。复眼黑褐色，1 对单眼，赤褐色。前胸背板褐色，前缘色淡，其间散布不规则小点，纵纹 5 条，浅黄色至灰白色条纹，纵贯前胸背板，将前胸背板分隔成 4 条灰黄色至褐色较宽纵带。小盾片淡黄色，2 侧角有暗褐色斑，中部横纹深褐色，中间具 2 个明显的褐色点。前翅浅灰色，半透明，翅脉黄白色。胸部、腹部黑色。足浅黄色（图 26.1–图 26.4）。

卵：长 0.5~0.6 mm，宽约 0.2 mm，初产时乳白色，孵化前变为浓褐色，可见褐色眼点。

若虫：共 5 龄，初孵化和刚脱皮的若虫体色乳白色，后渐变为浅黄至灰褐色。1、2 龄若虫头部较大，腹部细小。5 龄时背部可见深褐色纵带。

图 26.1 条沙叶蝉
（越冬后）

图 26.2 条沙叶蝉
（越冬后）

半翅目·条沙叶蝉

图 26.3 条沙叶蝉
（越冬前）

图 26.4　条沙叶蝉
（成虫）

26.4　生活习性

　　长江流域 1 年发生 5 代，以成、若虫在麦田越冬。北方冬麦区 1 年发生 3~4 代，春麦区 3 代，以卵在麦茬叶鞘内壁或枯枝落叶上越冬，温暖时，也可以成虫越冬。越冬卵翌年小麦返青后开始孵化，4 月在麦田可见越冬代成虫，4—5 月成虫、若虫混发，集中在麦田为害，后期向杂草或秋作物上迁移。秋季麦苗出土后，成虫又迁回麦田为害并传播病毒病。成虫耐低温，冬季 0 ℃麦田仍可见成虫活动，夏季气温高于 28℃，活动受抑，成虫善跳，有一定的趋光性，遇惊扰可飞行 3~5 m，14：00—16：00 活动最盛，大风天或夜间多在麦丛基部蛰伏。条沙叶蝉喜干燥环境，小麦封垄后或灌水后，田间虫口密度会明显减少。以小麦为主 1 年 1 熟制地区，谷子、糜黍种植面积大的地区或丘陵区适合该虫发生，早播麦田或向阳温暖地块虫口密度大。在北京地区，冬小麦播种后至冬前 11 月之前（暖冬时可持续到 11 月中旬）和翌年 3—4 月是条沙叶蝉发生高峰期。条沙叶蝉成虫的始见期最早为 3 月中旬，推测条沙叶蝉在华北地区也能以成虫越冬。

26.5 为害特点

　　条沙叶蝉以成虫、若虫刺吸小麦茎叶的汁液，致受害幼苗变色且生长受到抑制，并传播小麦矮缩病毒、蓝矮病毒和红矮病毒（图 26.5）。

图 26.5 条沙叶蝉
为害状

半翅目·条沙叶蝉

双翅目

第二十七章
小麦吸浆虫

27.1 分类地位

小麦吸浆虫主要有麦红吸浆虫 *Sitodiplosis mosellana*（Gehin）和麦黄吸浆虫 *Contarinia tritici*（Kirby），属双翅目瘿蚊科。

27.2 分布与寄主

小麦吸浆虫在我国主要分布于北纬 27°~43°，东经 100° 以东的渭河、淮河、黄河、海河、卫河、白河、伊洛沁河、沙河、汉水、长江流域。20 世纪 50 年代调查显示，麦黄吸浆虫分布于青海、甘肃、陕西、四川、河南等冷凉山区谷地，在长江中下游与麦红吸浆虫有混合分布。21 世纪以来，很少有麦黄吸浆虫为害的报道。目前我国小麦主产区以麦红吸浆虫为主，发生范围是沿燕山山脉的北京、天津、唐山地区，山东鲁南地区的临沂、新泰成为小麦吸浆虫新发生区，河南、河北小麦主产区均遭到吸浆虫的严重为害。吸浆虫主要为害麦类作物，禾本科杂草偶有发现。

27.3 形态特征

27.3.1 麦红吸浆虫

成虫：雌成虫体微小纤细，似蚊子，体长 2~2.5 mm，翅展约 5 mm，体色橙黄，全身被有细毛。头部很小，复眼黑色，触角细长，念珠状，14 节。胸部很发达，腹部 9 节，略呈纺锤形，前翅发达，后翅退化成平衡棍。雄成虫体形稍小，长约 2 mm，翅展约 4 mm。触角远长于雌虫，念珠状，26 节。腹部较雌虫为细，末端略向上弯曲，具外生殖器或交配器（图 27.1）。

卵：长圆形，一端较钝，长约 0.9 mm，宽 0.35 mm，淡红色，透明，表面光滑，肉眼不易见。卵初产出时为淡红色，快孵化时变为红色，前端较透明，幼虫活动可从壳外看见。

幼虫：老熟幼虫，体长 2.5~3 mm，椭圆形，前端稍尖，腹部粗大，后端较钝，橙黄色。全身 13 节，无足，头小。虫体背面自第 1 胸节至腹末节被覆鳞片，背面和侧面还有很多疣状突起，疣的上面簇生丛毛。腹面在 1~8 节每节的前半部，有横列椭圆形骨片各 1 个，上生尖形细齿（棘）。第 1 胸节腹面中部有一纵贯"Y"形剑骨片，是幼虫分类根据之一（图 27.2）。

茧：分为长茧和圆茧两种，幼虫藏于茧内。一般认为长茧当年可以出土，圆茧当年不出土（图 27.3）。

蛹：蛹有两种，一种是裸蛹，另一种是带茧的蛹，蛹体构造一致。赤褐色，长 2 mm，前端略大，头部有短的感觉毛，头的后面前胸处有一对长毛，黑褐色，为呼吸管（图 27.4）。

27.3.2 麦黄吸浆虫

成虫：与麦红吸浆虫极相似，成虫体色为姜黄色，雌虫体长 2 mm，雄虫体长 1.5 mm。

卵：较麦红吸浆虫小，淡黄色，香蕉形，颈部微微弯曲，末端收缩呈细长的柄。

幼虫：老熟幼虫体长 2.5 mm，姜黄色，体表光滑，胸部腹面"Y"形剑骨片缺刻浅，是区别两种吸浆虫的重要特征。

蛹：在长茧内，体淡黄色，腹部带浅绿色，头前端有 1 对感觉毛，与 1 对呼吸毛等长。

图 27.1　麦红吸浆虫
　　　　（成虫）

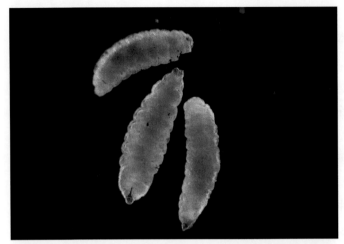

图 27.2　麦红吸浆虫幼虫
　　　　（淘土获得）

双翅目·小麦吸浆虫

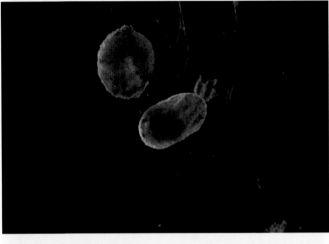

图 27.3　麦红吸浆虫
　　　　（圆茧）

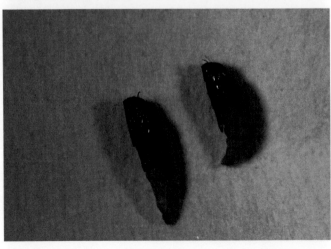

图 27.4　麦红吸浆虫
　　　　（蛹）

27.4 生活习性

我国麦红吸浆虫一般是 1 年 1 代，也有多年 1 代（也有极少数成虫在秋季羽化）。麦红吸浆虫以幼虫结茧在土壤中越夏和越冬，翌年春天由土壤深处向土表移动，然后化蛹羽化。圆茧一般在 10 cm 的土壤深处，随温度的降低可潜入 20 cm 的深度越冬。一般来说，小麦拔节时，越冬幼虫开始破茧上升到土表；小麦孕穗时，幼虫开始在土表化蛹；小麦露脸抽穗，蛹开始羽化为成虫，小麦抽穗盛期，成虫盛发。成虫出土 1 天即进行交配，并在麦穗上产卵，卵经 4~5 天孵化，幼虫随即进入颖壳，附于子房或刚坐仁的麦粒上，经过 15~20 天发育成老熟幼虫，至小麦成熟前，遇雨幼虫爬出随雨滴弹入土表；初入土的幼虫大约 3 天后结茧在土壤中越夏和越冬。麦红吸浆虫成虫一般在每天的早、晚羽化，刚羽化的成虫畏强光和高温，一般先在地面爬行，然后在麦叶背部阴暗处栖息，在早晨和傍晚飞行活动活跃，雄虫多在麦株下部活动，雌虫常在高于麦株 10 cm 处飞行。幼虫有隔年羽化甚至多年休眠的习性，最多在土中休眠 12 年才羽化为成虫。麦黄吸浆虫的生活习性与麦红吸浆虫相似，更喜欢生活在冷凉地区。

27.5 为害特点

小麦吸浆虫以幼虫造成为害，幼虫潜伏在颖壳内吸食正在灌浆麦仁的汁液，造成麦粒瘪缩、空壳或霉烂而减产，具有很大的为害性（图 27.5–图 27.7）。

图 27.5　麦红吸浆虫
　　　　　为害麦粒

图 27.6 麦红吸浆虫
为害麦粒

图 27.7 麦红吸浆虫
为害麦粒
A: 严重受害；B: 中等受害；
C: 一般受害；D: 未受害麦粒

双翅目·小麦吸浆虫

第二十八章
斑大蚊

28.1 分类地位

斑大蚊 *Nephrotoma* sp.，属双翅目大蚊科。

28.2 分布与寄主

目前，斑大蚊在河北、山东等省的多个县区市小麦田发生为害，寄主有小麦、棉花、辣椒、油葵等。

28.3 形态特征

成虫：体长 15~25 mm，翅展 40~50 mm，体黄色，翅透明，足长，前、中、后胸分别有 3 个、2 个、1 个黑斑。腹背各节有伞状黑斑，腹面各节有黑斑（图 28.1）。

卵：黑色，椭圆形，直径 0.2 mm。

幼虫：体长 10~30 mm；无足，体灰褐色，多横褶皱，体表无光泽，有刚毛；无明显头部，头端黑色，受刺激可缩入体内。尾部向后上方生长 2 对触角状物，其下方有两个眼状斑，尾部下方有一对足状物，可缩回。

蛹：见图 28.2。

28.4 生活习性

斑大蚊 1 年发生 3 代，3 月下旬开始出土活动，4 月下旬开始化蛹，5 月上旬开始出现飞翔的成虫。一雌蚊一般产卵 200~300 粒，6 月是一代幼虫为害期，7 月中旬出现一代成虫，8 月进入二代幼虫为害期，9 月为三代幼虫发生期。山东调查发现，一般地块有斑大蚊幼虫 10~20 头 /m²，个别严重地块达到 87 头 / m²。

图 28.1　斑大蚊（成虫）

双翅目·斑大蚊

图 28.2　斑大蚊（蛹）

28.5　为害特点

　　幼虫喜欢潮湿，白天躲在 2~4 cm 潮湿土中，早晚及阴雨天，幼虫钻出地表贴地切断植物的嫩茎或取食嫩叶。

第二十九章
小麦潜叶蝇

29.1 分类地位

小麦潜叶蝇主要有白翅麦潜蝇 *Agromyza alipennis* Meigen（别名麦黑潜叶蝇）、麦黑斑潜叶蝇 *Cerodontha denticornis*（Panzer）（别名齿角潜蝇）、麦叶灰潜蝇 *Agromyza cinerascens* Macquart（别名小麦黑潜蝇、细茎潜蝇、日本麦叶潜蝇），隶属于双翅目潜蝇科。

29.2 分布与寄主

白翅麦潜蝇为害大麦、黑麦、水稻和小麦。主要分布于黑龙江、新疆、青海、宁夏等地，但也有文献表明天津、河北、山东等地小麦田也有为害。

麦黑斑潜叶蝇为害小麦、燕麦、大麦等，华北、华中、华东、西北、西南地区均有分布。

麦叶灰潜蝇为害小麦、大麦、燕麦及黑麦属禾本科杂草。中国有害生物名录记录其分布于河北、山东、江苏、湖北、陕西、甘肃、宁夏等地。

29.3 形态特征

常见的小麦潜叶蝇有白翅麦潜蝇、麦黑斑潜叶蝇、麦叶灰潜蝇（图29.1–图29.5）。

29.3.1 白翅麦潜蝇

成虫：体长 2.5~3.0 mm，黑色。头部半球形，间额褐色。复眼、第1~3节触角黑褐色。前翅膜质透明，前缘密生黑色粗毛，后缘密生单色细毛，平衡棒的柄为褐色，端部球形白色。

卵：乳黄色，透明，卵圆形，长约 0.5 mm，宽约 0.2 mm。

幼虫：蛆状，乳黄白色，体长 3~4 mm。

蛹：深褐色，长约 3 mm。

图 29.1　小麦潜叶蝇
　　　　　为害状
　　　　　（生态照，种类
　　　　　不详）

双翅目·小麦潜叶蝇

图 29.2　小麦潜叶蝇
　　　　　为害状
　　　　　（摘取后集中拍
　　　　　摄，种类不详）

图 29.3　小麦潜叶蝇
　　　　　干尖为害状
　　　　　（种类不详）

29.3.2　麦黑斑潜叶蝇

成虫：体长 2~2.5 mm，黑褐色，有光泽。头部黄色，前额褐色。单眼三角区黑色，复眼黑褐色，具蓝色荧光。触角黄色，触角芒不具毛。胸部黄色，背面具 1 凸形黑斑，前方与颈部相连，后方至中胸后盾片中部，黑斑中央具"V"形浅洼；小盾片黄色，后盾片黑褐色。翅透明浅黑褐色。平衡棒浅黄色。各足腿节黄色。腹部 5 节，背板侧缘、后缘黄色，中部灰褐色生黑色毛；产卵器圆筒形黑色。

卵：乳黄色，透明，卵圆形，长约 1 mm。

幼虫：蛆状，乳黄白色，半透明，体长 2~3 mm，前气门 1 对，黑色，后气门 1 对，各具 1 短柄，分开向后突出。腹部端节下方具 1 对肉质突起，腹部各节间散布细密的微刺。

蛹：深褐色，长 2~3 mm，体扁，前后气门可见。

29.3.3　麦叶灰潜蝇

成虫：体长 2~3 mm，触角第 3 节黑褐色，间额黄褐色，头顶、侧额及后眶黑色。复眼红褐色，复眼周缘黑色。胸部黑灰色，足黑色，前翅翅瓣、腋瓣及平衡棒端部白色，Sc 脉与 R_1 脉在抵达翅缘以前合并。

卵：初乳白色，后转为乳黄色，透明，卵圆形，长约 0.5 mm，宽约 0.23 mm。

幼虫：蛆状，乳黄白色，体长 3~4 mm。

蛹：深褐色，长 2.7~3.5 mm。

图 29.4　小麦潜叶蝇幼虫
　　　　（种类不详）

图 29.5 小麦潜叶蝇蛹
（种类不详）

29.4 生活习性

不同种类生活习性不同，但总体较为类似。小麦潜叶蝇以蛹越夏越冬，小麦返青后，蛹羽化出成虫，成虫交配取食，交配、产卵均在白天，夜间栖于麦株中下部或土隙中，活动高峰期一般在 14：00—17：00。卵一般产于麦叶尖端两缘的组织内，幼虫孵化后立即开始潜食，每个叶片通常只有 1 头，一般幼虫在叶内生存 10~15 天，之后钻出表皮，入土化蛹，入土深度在 5 cm 以下。蛹在土中越夏越冬，翌年小麦返青以后，羽化出土。

29.5 为害特点

主要以雌蝇和幼虫造成为害，不同种类的为害有一定相似性。雌蝇用产卵器刺破返青的小麦叶片，在麦叶中上部造成类似缝纫针线状的淡褐色孔状斑。由于为害面积小，一般对产量无明显影响。

幼虫孵化后从叶尖潜入叶肉组织，向叶基方向取食，潜痕呈袋状，至幼虫老熟时，受害叶片约 1/3 面积被吃成白色，失去光合作用，且叶尖有干枯现象，会造成一定的减产。另外，麦叶受害部位易感染腐生真菌而产生黑色霉层。

第三十章
麦秆蝇

30.1 分类地位

麦秆蝇 *Meromyza saltatrix* Linnaeus，又称黄麦秆蝇，俗称麦钻心虫、麦蛆等，属双翅目黄潜蝇科，是我国北部春麦区及华北平原中熟冬麦区的害虫之一。

30.2 分布与寄主

在我国分布广泛，北起黑龙江、内蒙古，南至贵州、云南，西达新疆、西藏、青海；四川的甘孜、阿坝地区也有发生；其中新疆、内蒙古、宁夏以及河北省张家口地区、山西省北部、甘肃部分地区春小麦受害最为严重，在山西南部及陕西关中北部冬麦区，也能造成为害。麦秆蝇主要为害小麦，偶尔为害大麦或黑麦，还可以为害禾本科和莎草科杂草。

30.3 形态特征

成虫：体长雄虫 3.0~3.5 mm，雌虫 3.7~4.5 mm。体黄绿色。复眼黑色，有青绿色光泽。单眼区褐斑较大，边缘越出单眼之外。下颚须基部黄绿色，端部 2/3 部分膨大呈棍棒状，黑色。翅透明，有光泽，翅脉黄色。胸部背面有 3 条黑色或深褐色纵纹，中央的纵线前宽后窄，直达梭状部的末端，其末端的宽度大于前端宽度的 1/2，两侧纵线各在后端分叉为二。越冬代成虫胸部背纵线为深褐至黑色，其他世代成虫则为土黄至黄棕色。腹部背面亦有纵线，其色泽与越冬代成虫的胸部背纵线同，其他世代成虫腹背纵线仅中央一条明显。足黄绿色，跗节暗色。后足腿节显著膨大，内侧有黑色刺列，胫节显著弯曲（图 30.1）。

卵：长椭圆形，两端瘦削，长约 1 mm。卵壳白色，表面有 10 余条纵纹，光泽不显著。

幼虫：末龄幼虫体长 6.0~6.5 mm。体蛆形，细长，呈黄绿或淡黄绿色。口钩黑色。前气门分枝，气门小孔数为 6~9 个，多数为 7 个。

蛹：围蛹。雄蛹体长 4.3~4.8 mm，雌蛹体长 5.0~5.3 mm。体色初期较淡，后期黄绿色，通过蛹壳可见复眼、胸部及腹部纵线和下颚须端部的黑色部分。口钩色泽及前气门分支和气门小孔数与幼虫相同。

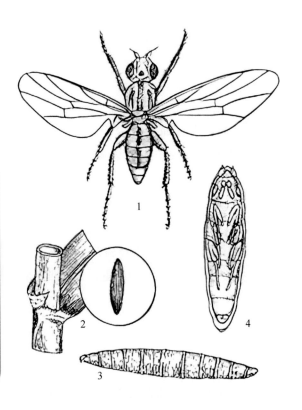

图 30.1 麦秆蝇（引自南京农业大学等编《农业昆虫学》）

1. 成虫；2. 产在小麦叶面基部的卵；3. 幼虫；4. 蛹

30.4 生活习性

成虫喜光，于早晚及夜间栖息于叶片背面，且多在植株下部。在华北春麦区 1 年发生 2 代，冬麦区 1 年发生 3~4 代，在晋南冬麦区，1 年发生 4 代。以幼虫在根茎部或土缝中或野生寄主内越冬。在内蒙古西部，越冬代成虫一般于 5 月下旬末至 6 月上旬开始大量发生，盛发期延续到 6 月中旬。越冬代成虫产卵前期为 1~19 天，平均 5.5 天，产卵期 1~22 天，平均 11.1 天，每雌平均产卵 11.8 粒，最高 41 粒，卵散产，多位于靠近顶端的第 2、第 3 片叶的基部距鞘 1 cm 的地方。卵经 3~5 天孵化，孵化后即蛀茎为害，幼虫约 20 天老熟，在茎秆内化蛹。第 1 代蛹期为 3~12 天，平均 9.9 天，7 月中旬为化蛹盛期。第 1 代成虫于 7 月下旬羽化，麦收时大部分都已羽化离开麦田，转移到野生寄主上产卵存活至越冬。在晋南冬麦区越冬代成虫羽化盛期为 4 月中下旬，在返青的冬麦上产卵孵化取食为害。第 1 代成虫羽化时，冬麦已达生育后期，第 2、第 3 代幼虫选择冬麦的无效分蘖、春小麦、落粒麦苗或野生寄主，不影响产量。第 3 代成虫羽化后，在秋播麦苗或野生寄主上产卵孵化存活至越冬，在冬季较暖之日仍能活动取食。

30.5 为害特点

麦秆蝇幼虫钻入小麦等寄主茎内蛀食为害，初孵幼虫从叶鞘或茎节间钻入麦茎，或在幼嫩心叶及穗节基部 1/5~1/4 处呈螺旋状向下蛀食，形成枯心、白穗、烂穗，不能结实。由于幼虫蛀茎时被害茎的生育期不同，可造成下列 4 种被害状：①分蘖拔节期受害，形成枯心苗。如主茎被害，则促使无效分蘖增多而丛生，群众常称之为"下退"或"坐罢"；②孕穗期受害，因嫩穗组织破坏并有寄生菌寄生而腐烂，造成烂穗；③孕穗末期受害，形成坏穗；④抽穗初期受害，形成白穗。其中，除坏穗外，在其他被害情况下被害株完全无产量（图 30.2－图 30.6）。

图 30.2 麦秆蝇幼虫

双翅目·麦秆蝇

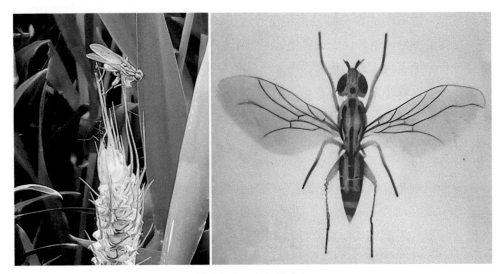

图30.3 麦秆蝇成虫
（右图引自《中国农作物病虫害》，姜玉英提供）

图30.4 麦秆蝇为害麦苗状

图 30.5 麦秆蝇为害状
（白穗）

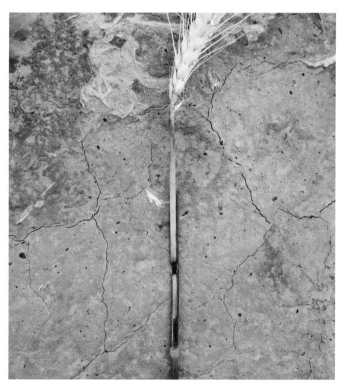

图 30.6 麦秆蝇为害状
（白穗）

双翅目·麦秆蝇

第三十一章
瑞典麦秆蝇

32.1 分类地位

瑞典麦秆蝇 *Oscinella frit*（L.），异名：*Oscinella pusilla*（Meigen），隶属于双翅目秆蝇科。

32.2 分布与寄主

虽然在 20 世纪 80—90 年代，天津、山东等地报道瑞典麦秆蝇为害玉米，但是 Plantwise 等网站（https://www.plantwise.org/knowledgebank/datasheet/37996 和 https://www.gbif.org/species/1490322 ）并未将中国列入其发生地，因此，瑞典麦秆蝇在中国可能无分布。寄主植物为燕麦、小麦、玉米和一些禾本科杂草。

32.3 形态特征

成虫：长约 3 mm，宽约 1mm。体色黑亮，前胸背板黑色。触角 4 节，黑色，吻端白色，翅透明。足股节黑色，前足、中足胫节棕黄色，后足胫节黑色。平衡棒黄色。

卵：白色，长圆柱形，具 15~17 条明显纵沟及纵脊。长约 0.77mm，宽 0.2~0.3mm。初产时为黄白色透明，近孵化时，呈乳黄色半透明状（图 32.1）。

幼虫：蛆状。初孵幼虫乳白色透明，取食后变为淡黄色。老熟幼虫体长 3.47mm。口钩钩镰刀状，黑褐色，咽骨呈"Y"形。腹部末端有 2 个小圆柱形突起。

蛹：圆筒形或近圆筒形，稍扁，雌蛹长约 2.8mm，雄蛹约 2.2mm。尾端有两个突起。初化蛹淡红色，后变为红棕色或棕褐色。近羽化时，变黑透明。

图 32.1 瑞典麦秆蝇卵
（图片引自：http://www7.inra.
fr/hyppz/RAVAGEUR/6oscfri.
htm#）

32.4 为害特点

    从心叶或叶鞘处蛀入，形成枯心苗，如果继续向下为害，会破坏生长点，造成分蘖丛生现象（图 32.2）。在玉米上，能使玉米苗株形异常，玉米苗心叶扭曲，叶片被害成孔状或缺刻，心叶内有黏液，表现叶皱缩不平，变宽，心叶残缺扭曲，苗产生多个分蘖。据报道，天津武清玉米田曾发生该虫为害，虫株率 5%~10%，部分严重地块被害率达 61%，造成部分地块毁种。

双翅目·瑞典麦秆蝇

图 32.2 瑞典麦秆蝇
       为害状
（引自 https://www.cabi.org/isc/
datasheet/37996#toidentity）

第三十二章
麦种蝇

31.1 分类地位

麦种蝇 *Delia coarctata*（Fallén），异名 *Hylemyia coarctata* Fallén，也称麦地种蝇，别称冬作种蝇、瘦腹种蝇，属双翅目花蝇科。

31.2 分布与寄主

在我国分布于内蒙古、黑龙江、山西、陕西、青海、甘肃、宁夏、新疆。为害小麦、大麦、燕麦等。

31.3 形态特征

成虫：雄虫体长 5~6 mm，暗灰色。头银灰色，额窄，在头顶几乎相接，额条黑色。复眼暗褐色，单眼三角区的前方。间距窄，几乎相连。触角黑色，第 3 节为第 2 节的 2 倍，触角芒长于触角。胸部灰色。翅略带暗色，翅脉暗褐色。平衡棒黄色。足黑色。腹部上下扁平，狭长细瘦，较胸部色深。雌虫体长 5~6.5 mm，体色较雄虫淡，灰黄色。复眼间距较宽，约为头的 1/3，腹部较雄虫粗大，略呈卵形，后端尖，其他与雄虫相同。

卵：长椭圆形，长 1~1.2 mm，略弯，初乳白色，后变浅黄白色，具细小纵纹。

幼虫：体长 6~6.5 mm，蛆状，乳白色，老熟时略带黄色，头极小，口钩黑色，尾部如截断状，具 6 对肉质突起，第 1 对在第 2 对稍上方，第 6 对分叉。

蛹：围蛹，纺锤形，长 5~6 mm，宽 1.5~2 mm。初为淡黄色，后变黄褐色，两端稍带黑色，羽化前黑褐色，稍扁平，后端圆形有突起。

31.4 生活习性

　　甘肃庆阳 1 年发生 1 代，以卵在土内越冬。翌年 3 月越冬卵孵化为幼虫，初孵幼虫栖息在植株茎秆、叶及地面上，先在小麦茎基部钻一小孔，进入茎内，头部向上，蛀食心叶组织成锯末状。幼虫耐饥饿力强，每头幼虫只为害 1 株小麦，无转株为害习性。幼虫活动为害盛期在 3 月下旬至 4 月上旬，幼虫期 30~40 天。4 月中旬幼虫爬出茎外，钻入 6~10 cm 土中化蛹，4 月下旬至 5 月上旬为化蛹盛期，蛹期 21~30 天。6 月初蛹开始羽化，6 月中旬为成虫羽化盛期。6 月上中旬，小麦已近成熟，成虫即迁入秋作物或杂草上活动，吸食花蜜。生长稠密、枝叶繁茂、地面覆盖隐蔽、湿度大的环境中，该蝇迁入多。7 月、8 月为成虫活动盛期。成虫交配后，雄虫不久便死亡。雌虫 9 月中旬开始产卵，卵分次散产于土壤缝隙及疏松表土下 2~3 cm 处。每雌产卵 9~48 粒，10 月雌虫全部死亡。成虫早晨、傍晚、阴天活动较多，中午温度高时，多栖息荫蔽处不大活动。秋季气温低时，则中午活动，早晚不甚活动。

31.5 为害特点

　　幼虫为害麦茎基部，造成心叶青枯，后黄枯死亡，致田间出现缺苗断垄或造成毁种。

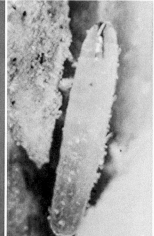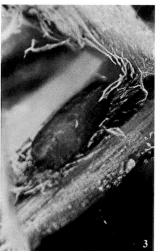

图 31.1 麦种蝇
1. 成虫；2. 幼虫；3. 蛹

双翅目·麦种蝇

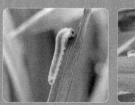

膜翅目

第三十三章
麦叶蜂

33.1 分类地位

麦叶蜂，别名齐头虫、小黏虫和青布袋虫，属膜翅目叶蜂科。我国发生的有小麦叶蜂 *Dolerus tritici* Chu、大麦叶蜂 *Dolerus hordei* Rohwer、黄麦叶蜂 *Pachynematus* sp. 和浙江麦叶蜂 *D. ephippiatus* Smith，但主要以小麦叶蜂为主。

33.2 分布与寄主

麦叶蜂分布范围广，主要发生在淮河以北麦区，发生区域以黄淮、华北麦区为主，其中山东、河北两省发生面积较大。小麦叶蜂的寄主为小麦和大麦，大麦叶蜂的寄主为大麦，浙江麦叶蜂的寄主有大麦、小麦及部分禾本科杂草。

33.3 形态特征

33.3.1 小麦叶蜂

成虫： 雌虫体长 8.6~9 mm，雄虫 8~8.8 mm。体大部为黑色，颈板、前胸背板、中胸前盾板、中胸侧板及翅基片锈红色，后胸背面两侧各有 1 白斑。头部有网状花纹，复眼大，头部后缘曲折，头顶沟明显；雌虫触角比腹部短，雄虫的与腹部等长。胸部光滑，散生微细点刻，小盾片近三角形，中胸侧板具粗网状纹。翅近透明，上有极细的淡黄色斑，前翅前缘小翅室形似弯弓。腹部光滑，也生有微细点刻，第一腹节背面后缘中央向前凹入（图 33.1）。

卵： 扁平肾形，淡黄色，长约 1.8 mm，宽约 0.6 mm，表面光滑。

幼虫： 共 5 龄，末龄幼虫体长 17.7~18.8 mm，圆筒形。头深褐色，上唇不对称，后头后缘中央有 1 黑点，胸、腹部灰绿色，背面带暗蓝色，末节背面有 2 个暗纹。触角 5 节，圆锥形。腹部 10 节，腹足 7 对，位于第 2 至第 8 腹节，尾足 1 对，腹足基部各有 1 暗纹（图 33.2－图 33.3）。

蛹: 雌虫体长约 9.8 mm,雄虫约 9 mm,初化蛹时黄白色,羽化前变为棕黑色。头顶圆,头胸部粗大,腹部细小,末端分叉。

图 33.1　小麦叶蜂成虫

图 33.2　小麦叶蜂幼虫

图 33.3　小麦叶蜂幼虫
　　　　 及为害状

膜翅目 · 麦叶蜂

33.3.2　大麦叶蜂

雌虫前胸背板中央有 1 长 "V" 形黑斑，外赤褐色，中胸前盾片除后缘为赤褐色外，其余均为黑色，盾板两叶全是赤褐色。雄虫全体黑色。

33.3.3　浙江麦叶蜂

成虫：雌虫体长 8.8~9.6 mm，黑色。前胸背板除前缘及领片为黑色外，其余大部分为红褐色；中胸前盾板及盾板两叶均为红褐色，后胸背面有 1 对近三角形的白斑。前翅前缘小翅室形似弯弓腹部有青蓝色光泽。产卵器鞘上缘平直，下缘弯曲，末端较尖。雄虫体长 8.0~8.7 mm，黑色，前胸背板后缘、中胸前盾板及盾板两叶浅黄褐色。

卵：肾形，长约 1.6 mm，宽约 0.6 mm，初产时翠绿色，后呈淡绿色，卵面光滑。

幼虫：老熟幼虫体长 22 mm，圆筒形，胸部较粗，腹端较细，各节有皱纹，头部黄褐色。胸腹黄绿色或灰黄绿色，背面灰绿色。头部两侧单眼上方各有 1 个新月形斑纹。

蛹：长约 9 mm，宽约 3 mm，初期为淡黄绿色，近羽化时变为黑色。

33.4　生活习性

麦叶蜂 1 年发生 1 代，以蛹在 20~24 cm 深处的土中越冬。小麦叶蜂在北京 3 月中下旬羽化为成虫，在麦田内交尾，交尾后 3~4 min，雌虫即开始产卵，一般每雌产卵 5~60 粒。卵多产在新展开或即将展开的叶背中脉附近组织内。产卵时，雌蜂用锯状产卵器在主脉处锯一裂缝，卵产于裂缝内，1 次 1 粒。4 月上旬至 5 月初为幼虫为害麦叶时期。幼虫老熟后钻入土中，分泌黏液，把周围的土粒粘住，做成土茧在其中越夏，直至 10 月中旬才蜕皮变蛹越冬。根据气温和发育积温，在相对靠南的省份，其发生时间会有所提前。小麦叶蜂成虫寿命 3~7 天，白天活动，飞翔能力不强，有假死性，夜晚或阴天潜伏于麦株根际或浅土中。幼虫共 5 龄，也有假死性，遇到惊扰会跌落至小麦根部。浙江麦叶蜂是 20 世纪 80 年代新发现的一种麦叶蜂，发生特点与麦叶蜂类似，但寄主较多。

33.5　为害特点

以幼虫食害小麦和大麦叶片，呈刀切状缺刻，严重发生时，可将麦叶吃光（图 33.4）。

图 33.4　麦叶蜂田间为害状

膜翅目·麦叶蜂

第三十四章
灰翅麦茎蜂

34.1 分类地位

灰翅麦茎蜂 *Cephus fumipennis* Eversmann，又叫麦茎蜂、乌翅麦茎蜂、烟翅麦茎蜂，属膜翅目茎蜂科。

34.2 分布与寄主

灰翅麦茎蜂在我国主要分布在青海、陕西、甘肃、四川、河南、河北、山西、宁夏等省区。在春麦区发生较为普遍，为害严重。在青海省东部农业区为害较重，是春小麦生产上的重要害虫之一。除为害小麦外，还可为害大麦、青稞、燕麦以及小黑麦、黑麦等禾本科牧草。

34.3 形态特征

成虫：体长 8~12 mm，翅展 7.5~10 mm。体色黑而发亮。头部黑色，复眼发达，触角丝状，19~22 节，第 1 节粗短，第 2 节近球形。翅膜质透明，前翅基部黑褐色，翅痣狭长明显。雌虫较肥大，前足和中足的胫节、跗节黄或棕黄色；后足腿节和跗节黑色，胫节黄色，末端黑色，尾端有锯齿状的产卵器。雄成虫足黄色，前足和中足的腿节外侧有黑斑，腿节内侧、胫节及跗节黄色；后足胫端及跗节黄褐色或黄色。腹部第 1 节有 1 个三角形的黄绿色的凹斑；第 4~6 节的前缘大多有明显的黄带，有的为黄色斑点，有的消失。（图 34.1－图 34.2）。

卵：白色发亮，长椭圆形，长 1~1.2 mm，宽 0.35~0.4 mm（图 34.3）。

幼虫：老熟后长 7~12 mm，白色或淡黄色，略呈"S"形弯曲，头部淡褐色，胸足腹足退化，体多皱褶，无毛，仅末节有稀疏刚毛（图 34.4－图 34.6）。

蛹：裸蛹，体长 8~12 mm，头宽 1.10~1.50 mm。前蛹期白色，后蛹期灰黑色。

图 34.1　灰翅麦茎蜂
　　　　（雄成虫）

图 34.2　灰翅麦茎蜂
　　　　（网捕成虫）

图 34.3　灰翅麦茎蜂
　　　　（卵）

图 34.4　灰翅麦茎蜂
（1 龄幼虫）

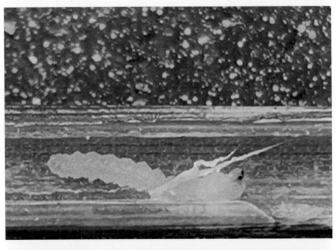

图 34.5　灰翅麦茎蜂
（3 龄幼虫）

图 34.6　灰翅麦茎蜂
（4 龄幼虫）

34.4 生活习性

灰翅麦茎蜂1年发生1代，以老熟幼虫在小麦根茬内结薄茧越冬。翌年5月上旬开始化蛹，蛹期40天左右。6月初成虫羽化，不久即交尾产卵，6月中旬为产卵盛期。成虫飞行能力差，无趋光性。雌蜂一般产卵50~60粒，喜在幼嫩的小麦穗下方第1至第3节的茎节附近产卵。产卵时用产卵器锯一道缝，把卵产在麦茎内壁上，一般每茎产1粒卵。

34.5 为害特点

幼虫钻蛀茎秆，影响茎内养分和水分的传导，使麦芒及麦颖变黄，干枯失色，严重的整个茎秆被食空；后期茎节变黄或黑色，有的从地表截断，不能结实；或造成白穗，籽粒秕瘦，千粒重降低（图34.7-图34.8）。老熟幼虫钻入根茎部，从根茎部将茎秆咬断或仅留少量表皮连接，形成"V"形凹槽结茧准备越冬，受害小麦遇风或降水很易倒伏。小麦一般被害率5%，严重地块高达30%~50%，一般可造成千粒重下降19.6%~43.8%，对产量影响极大。成虫只交配产卵，不造成为害。

图34.7 灰翅麦茎蜂为害状

膜翅目·灰翅麦茎蜂

膜翅目·灰翅麦茎蜂

图 34.8 灰翅麦茎蜂幼虫为害麦秆症状
A-B 李新苗摄；C-D 引自引自《主要病虫草鼠害防治关键技术》。

缨翅目

第三十五章
小麦皮蓟马

35.1 分类地位

小麦皮蓟马 *Haplothrips tritici*（Kurdjumov），又名小麦管蓟马，属缨翅目管蓟马科。

35.2 分布与寄主

在我国已知分布于新疆、甘肃、宁夏、内蒙古、黑龙江等地。近几年在北京、天津、河北、山东、河南等地也有发生。

35.3 形态特征

成虫： 呈黑褐色，体长 1.50~2.20 mm，头略呈长方形与前胸相辖，复眼分离，触角 8 节，第 3 节长是宽的 2 倍，第 3、第 4、第 5 节基部较黄。翅 2 对，前翅有 1 条不明显的纵脉，并不延伸到顶端，边缘均有长缨毛。腹部 10 节，第 1 节小，呈三角形，腹部末端延长成管状，称作尾管，其端部着生 6 根细长的尾毛，其间各生短毛 1 根（图 35.1）。

卵： 乳黄色，初产为白色，长椭圆形，长为 0.45 mm，宽为 0.20 mm（图 35.2）。

若虫： 分 5 个龄期，初孵幼虫呈淡黄色无翅，后变橙红色，鲜红色，触角及尾管均呈现黑色，触角 7 节（图 35.3）。

前蛹及伪蛹： 前蛹体长均比若虫短，淡红色，四周生有白色绒毛，触角 3 节，胸节着生 3 对较长红色绒毛，中胸及后胸着生 1 对黑色的翅芽，伪蛹与前蛹极为相似，触角分节更不明显，紧贴于头的两侧。

图 35.1 小麦皮蓟马
（成虫）

图 35.2 小麦皮蓟马
（卵）

图 35.3 小麦皮蓟马
（若虫）

35.4 生活习性

在我国分布区小麦皮蓟马 1 年发生 1 代，以若虫在麦茬、麦根及晒场下 10 cm 左右土中越冬，主要分布在 1~5 cm 土壤表层。在我国新疆天山以北的小麦皮蓟马发生区，当 4 月上中旬日平均温度达到 8℃时，小麦皮蓟马开始出蛰活动。5 月上旬（小麦起身期—拔节期）在土中及麦茬内化蛹，5 月中旬（小麦孕穗期）为化蛹盛期，5 月中下旬（小麦孕穗期）羽化。新疆天山以北冬小麦 5 月已进入孕穗期，羽化的成虫相继飞至麦株上，少部分迁移到附近小蓟、苦豆子上活动，迁移到麦田的小麦皮蓟马集中在最上部叶片内侧、叶耳、叶舌处吸食液汁。此时数量较少且分散，随着羽化数量增多，逐渐从旗叶叶鞘顶部孔或叶鞘裂缝处入侵尚未抽出的麦穗，破坏花器，严重者可造成白穗。5 月底前后成虫数量达到最高值，此时剥开旗叶即可见大量黑色成虫。麦穗全部抽出后，成虫转移并进入未抽及半抽的麦粒内，因此，成虫在麦穗内为害和产卵时间仅 2~3 天。6 月上中旬冬麦全部抽穗，成虫大量向春麦田迁飞，6 月中旬达高峰，春麦田小麦皮蓟马成虫高峰期较同一区域的冬麦晚 15 天，但春麦田中的种群密度春麦往往大于冬麦。小麦扬花时卵开始大量孵化，小麦灌浆期是为害最严重的阶段。从 6 月上旬直至麦收，大量若虫集中于麦穗中。7 月上旬冬麦开始收割，大部分若虫自黄熟的麦穗内爬出，堕入麦地，部分在割麦时被震落地，若虫大都爬入麦茬丛中，也有钻入麦秆内或土缝中，尚有少数随麦捆进入麦场及附近的土中越夏越冬。

在北京、天津等地一般在 3 月下旬日平均温度为 8℃时小麦皮蓟马开始活动，4 月上中旬（小麦起身期—拔节期）化蛹，在 4 月下旬（小麦孕穗期）羽化为成虫。羽化成虫飞到小麦植株上，集中在上部内侧、叶耳、叶舌处吸食液汁，逐步侵入到尚未抽穗中为害。5 月上旬（小麦抽穗期）在刚抽穗的麦穗上产卵，卵 5~7 天孵化，5 月下旬（小麦扬花期—灌浆期）卵孵化开始为害，在这一时期小麦皮蓟马为害最盛。在 6 月上旬（小麦蜡熟期—收割期），由于生存条件恶化，小麦皮蓟马若虫陆续离开麦穗进入越冬场所准备越夏和越冬。该虫成虫产卵期较长，有世代重叠现象。在成虫羽化后 7~15 天开始产卵。每雌一般产卵 5~10 粒。卵很少为单粒，大都呈不规则块状，用胶质粘固。卵块的部位较固定，绝大多数在小穗的基部和护颖尖端的内侧，以麦穗中部的小穗卵量最多，而顶端 2~3 个小穗和基部 1 个小穗卵量极少。

35.5 为害特点

小麦皮蓟马成虫、若虫通过锉吸式口器，锉破植物表皮，吮吸汁液，为害小麦等寄主植物。小麦孕穗期，成虫即从开缝处钻入花器内为害，影响小麦扬花，严重时造成小麦白穗。麦粒灌浆乳熟期，成虫和若虫先后或同时，躲藏在护颖与外颖内吸取麦粒的浆液，致使麦粒灌浆不饱满，严重时导致麦粒空瘪，造成小麦千粒重明显下降。同时，由于蓟马刮食破坏细胞组织，受害麦粒上出现褐黄色斑块，降低了面粉质量，减少出粉率。为害护颖、外颖、旗叶及穗柄时，使护颖和外颖皱缩、枯萎、发黄、发白，麦芒卷缩、弯曲，旗叶边缘发白，或呈黑褐斑，被害部位极易受病菌侵害，造成霉烂、腐败。小麦皮蓟马的发生程度与前茬作物及邻近作物有关，凡连作麦田或邻作也是麦田，则发生重。另外与小麦生育期有关，抽穗期越晚，为害越重，反之则轻。一般晚熟品种受害比早熟品种重，春麦比冬麦受害重（图35.4-图35.7）。

图35.4 小穗被小麦
皮蓟马为害状

图 35.5 小麦皮蓟马
为害籽粒

图 35.6 小麦皮蓟马
若虫为害籽粒

图 35.7 小麦皮蓟马
若虫为害叶片

缨翅目·小麦皮蓟马

其他有害生物

第三十六章
小麦叶螨

36.1 分类地位

小麦叶螨，旧称麦蜘蛛、麦红蜘蛛，我国麦区主要有两种，其中麦叶爪螨（又称麦圆蜘蛛、麦大背肛螨）*Penthaleus major*（Dugés）属蛛形纲蜱螨目叶爪螨科；麦岩螨（又称麦长腿蜘蛛）*Petrobia latens* (Müller)，属蛛形纲蜱螨目叶螨科。

36.2 分布与寄主

麦叶爪螨主要分布于南北纬25°~55°，我国分布于北京、天津、河北、辽宁、内蒙古、山东、山西、陕西、甘肃、四川、湖北、湖南、河南、安徽、江苏、江西、浙江和台湾等地。麦岩螨分布于北纬34°~43°之间的北京、辽宁、内蒙古、河北、山西、山东、河南、安徽、江苏、陕西、甘肃、内蒙古、青海、西藏等地。麦叶爪螨是一种多食性害虫，已知寄主有12科26种，如禾本科的小麦、大麦、燕麦、黑麦、棒头草和看麦娘，藜科的甜菜，豆科的蚕豆、豌豆、花生和紫云英等，十字花科的油菜、白菜和芥菜等，菊科的莴苣、鼠李草等，茄科的马铃薯，锦葵科的棉花。麦岩螨主要为害小麦和大麦等作物，其次为害棉花、大豆、大葱、洋葱、草莓、桃、苹果、桑、槐、茅草、芦苇等。

36.3 形态特征

36.3.1 麦叶爪螨

成螨：雌螨体卵圆形，体长0.6~0.98 mm，体宽0.43~0.65 mm。体黑褐色，疏生白色毛，体背有横刻纹8条，在第2对足基部背面左右两侧各有1圆形小眼点。体背后部有隆起的肛门。足4对，第1对最长，第4对次之，第2、第3对等长。口器、足和肛门周围红色（图36.1）。

卵：椭圆形，长约0.2 mm，宽0.1~0.14 mm。初产暗红色，后变淡红色，上有五边形网纹。

幼螨和若螨：初孵幼螨足 3 对，等长，体躯、口器和足均为红褐色，取食后变为暗绿色。幼螨蜕皮后进入若螨期，足增为 4 对，体色、体形与成螨大致相似。末龄若螨体长 0.51 mm，深红色，足长并向下弯曲。

36.3.2　麦岩螨

成螨：雌成螨纺锤形，黑褐色，体长约 0.6 mm，宽约 0.45 mm。体背有不太明显的指纹状斑，背刚毛短，共 13 对。足 4 对，红或橙黄色，均细长，第 1、第 4 对足特别发达，长度超过第 2、第 3 对的 2 倍，中垫爪状，具 2 列黏毛；气门器端部囊形，多室。雄成螨梨形，背刚毛短，具绒毛（图 36.1）。

卵：分为越夏型和非越夏型，形状不同。越夏型卵（滞育卵）呈圆柱形，橙红色，直径约 0.18 mm，卵壳表面覆白色蜡质，顶部盖有白色蜡质物，形似草帽状，顶端面并有放射状条纹。非越夏型卵呈圆球形，红色，直径约 0.15 mm，表面有纵列隆起条纹数十条。

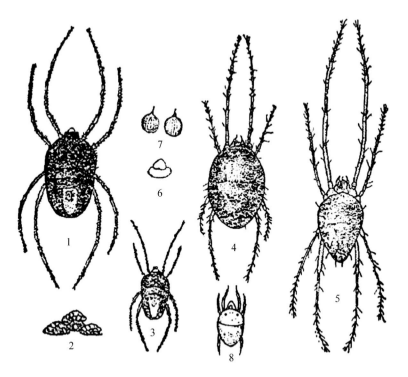

图 36.1　麦叶爪螨、麦岩螨的区别（引自《中国农作物病虫害》）
麦叶爪螨（1. 成螨；2. 卵块；3. 若螨）；
麦岩螨（4. 雌成螨；5. 雄成螨；6. 越夏卵；7. 非越夏卵；8. 若螨）

幼螨和若螨：幼螨体圆形，长宽约 0.15 mm，足 3 对。初孵时为鲜红色，取食后变为黑褐色。若螨期足 4 对，体较长。

36.4 生活习性

36.4.1 麦叶爪螨

年发生世代因地而异。在豫北、晋南、陕西关中、皖北、鄂西北等地 1 年 2~3 代，可以成螨、卵和若螨在麦根土缝、杂草或枯叶上越冬，但以成螨为主。在四川雅安 1 年发生 3 代，冬季无休眠状态。早春 2—3 月越冬卵即开始孵化，3 月下旬至 4 月上旬虫口密度最大，4 月中下旬密度减退，完成第一代。紧接着以卵在麦茬或土块上越夏，10 月卵孵化，11 月中旬田间密度最大，出现第 2 代成螨。麦叶爪螨耐寒能力强，北方冬季天气晴朗温暖时，麦叶爪螨仍可爬到麦叶上为害。成螨、若螨有群集性和假死性，喜阴湿，怕强光，早春气温较低时可集结成团，爬行敏捷，遇惊动即纷纷坠地或很快向下爬行。麦叶爪螨营孤雌生殖，每头雌螨平均产卵 20 余粒，多产在夜间，春季多产于麦株分蘖丛和土块上，秋季多产于麦苗和杂草附近根部的土块上，卵多聚集成堆或排列成串。资料记载麦叶爪螨适温为 8~15℃，超过 20℃会大量死亡，适宜湿度 70% 以上，水浇地、低湿麦田发生重，干旱麦田发生轻。在北京、河北地区，冬季气温偏高、降水偏少的年份发生重，且发生较重的地块遇有降雨或喷灌时，虫口密度会迅速下降，因此，笔者倾向于认为气候温暖时，干旱麦田适于其发生，这点与前人资料有所不同。

36.4.2 麦岩螨

在山西北部冬麦区 1 年发生 2 代，在西藏大部分农区 1 年发生 1~2 代，新疆焉耆 3 代，黄淮海地区 3~4 代。以成螨、卵在麦田或石块下越冬。在黄淮海地区，2—3 月成螨开始繁殖活动，越冬卵陆续孵化，3 月末至 4 月上中旬，完成第 1 代。第 2 代发生在 4 月下旬至 5 月上中旬，第 3 代发生在 5 月中下旬至 6 月上旬。这代成螨产滞育卵越夏。10 月上中旬至 11 月上旬，越夏卵陆续孵化，在秋播麦苗上为害，发育快的成螨便产卵越冬，大部分发育为成螨后直接越冬，此为第 4 代。部分越夏卵也能直接越冬，这部分群体一年发生 3 代，故田间表现重叠现象。在西藏大部分农区越冬成螨 2 月中旬开始产卵，3 月上旬至 4 月上旬为产卵盛期。非滞育卵于 3 月上旬开始孵化，3 月中旬至 4 月中旬为孵化盛期，4月下旬为末期。越冬滞育卵4月上中旬为第一孵化高峰期，10月下旬为第二孵化高峰期，未孵化的翌年继续孵化，少数卵存活期达两年以上。成螨、若螨4月中旬至5月上旬在麦田出现高密度，5月中旬螨口明显减退，因两种卵的同时存在，使其世代重叠。麦岩螨主要行孤雌生殖，卵多产于麦田内的硬物上，当土壤缺少硬物或潮湿时，不适于其产卵。麦岩螨适温为15~20℃，喜干旱。当相对湿度达70%~90%时，土壤潮湿，不适于麦岩螨的发生。当土壤缺少硬物或潮湿时，不适于其产卵。麦岩螨适温为15~20℃，喜干旱。当相对湿度达70%~90%，土壤潮湿，不适于麦岩螨的发生。

36.5 为害特点

麦叶爪螨主要为害麦类叶片，其次为害叶鞘和幼嫩茎。叶片受害后，表现为退绿症状，按照发生轻重可分为淡绿、黄绿和黄白绿等症状。受害严重的叶片，叶色黄白，植株萎缩矮小，麦穗少而小，受害严重时不能抽穗，麦株干枯而死。麦岩螨取食小麦后，会出现黄白色斑点，继而枯黄，抗寒能力下降，麦株矮小。严重时枯死不能抽穗。麦岩螨还可以传播洋葱花叶病毒（图36.2-图36.8）。

图 36.2　麦叶爪螨

图 36.3　麦叶爪螨

其他有害生物·小麦叶螨

图 36.4　麦叶爪螨
　　　　（生态照）

图 36.5　麦叶爪螨及
　　　　为害状

图 36.6　麦叶爪螨及
　　　　严重为害状

图 36.7　小麦叶螨严重
　　　　发生及为害状

其他有害生物·小麦叶螨

图 36.8　干旱导致小麦
　　　　叶螨严重发生

第三十七章
中国圆田螺

37.1 分类地位

中国圆田螺 *Cipangopaludina chinensis* Gray，隶属于软体动物门腹足纲田螺科。

37.2 分布与寄主

在东北、华北、华东、华南、华中、西北等地区广泛分布。属于杂食性动物，通常摄食底泥中的细菌、腐殖质，以及水中的浮游植物、悬浮有机碎屑、幼嫩水生植物等。近年来随灌溉河水进入农田，可以为害上海青、白菜、小麦、玉米、大豆、水稻等。

37.3 形态特征

田螺中等大小，个体大小、颜色变异较大。壳质稍厚，坚固，呈圆球形（图37.1）。壳高约 19 mm、宽约 21 mm，有 5.5~6 个螺层，顶部几个螺层增长缓

图 37.1 中国圆田螺

慢、略膨胀，体螺层急骤增长、膨大。壳面黄褐色或琥珀色，并具有细致而稠密的生长线和螺纹。壳顶尖。缝合线深。壳口呈椭圆形，口缘完整，略外折，锋利，易碎。轴缘在脐孔处外折，略遮盖脐孔。脐孔狭小，呈缝隙状。

卵：圆球形，白色。

37.4 生活习性

中国圆田螺在河南周口等地，始见于 5 月，常见于夏秋季，特别是当夏秋季雨水较多田间湿度较大时，田间发生较重，喜食大豆，也可以为害玉米，偶尔可以发现其取食小麦。由于缺少研究资料，其他发生规律不详。

37.5 为害特点

主要为害小麦下部叶片，形成锯齿状的缺刻，有时可以吃光整个叶片，未吃光的叶片上常常会留下体液形成的透明膜（图 37.2– 图 37.4）。

图 37.2　中国圆田螺取食
　　　　麦穗

图 37.3 中国圆田螺取食
　　　　小麦下部茎秆

图 37.4 中国圆田螺取食
　　　　小麦旗叶

天　敌

第三十八章
麦田食蚜蝇

38.1 分类地位

食蚜蝇是麦田蚜虫的重要天敌之一，常见种类有黑带食蚜蝇 *Episyrphus balteatus*（De Geer）、大灰优食蚜蝇 *Eupeodes corollae*（Fabricius）（别名：大灰食蚜蝇，异名：*Syrphus corollae*）、斜斑鼓额食蚜蝇 *Scaeva pyrastri*（L.）、短翅细腹食蚜蝇 *Sphaerophoria scripta*（L.），长尾管食蚜蝇 *Eristalis tenax*（L.），均隶属于双翅目食蚜蝇科。

38.2 分布

我国食蚜蝇种类非常丰富，已经记录有 580 种。本书所列的几种食蚜蝇都很常见，在我国属于广布种。

38.3 形态特征

38.3.1 斜斑鼓额食蚜蝇

成虫：体长 12.3~14.8 mm，翅展 21~24 mm。额黄色，触角褐色，各节腹部基部色淡。眼部具密毛，雄虫接眼，雌虫离眼。中胸盾片黑绿色，具有金属光泽。小盾片浅棕色，密生黑色长毛。腹部黑色，第 2~4 节背板各有 1 对黄斑，第 1 对平置，第 2、第 3 对稍斜置呈新月形，前缘凹入明显，第 4、第 5 节背板后缘黄色。足为黄色，前、中足腿节基部 1/3 及后足腿节基部 4/5 黑色，跗节黑色（图 38.1）。

卵：长 1.06~1.30 mm，宽 0.43~0.45 mm。乳白色，长卵形，一端稍变细。

幼虫：老熟幼虫长 13.5~15.5 mm，虫体爬行时身体可略变长。整体淡草绿色，背中具有白色纵带，腹末稍变宽，并染粉红色彩。体两侧肉刺明显，每一体节背面有 2 对瘤突，中部 1 对着生于稍前的位置，瘤突端部着生 1 根毛；体侧

图 38.1 斜斑鼓额食蚜蝇
（橡树摄影崔老师
提供）

也具有类似的小丘。臀板中上部凹陷，每侧有 3 个突起，后呼吸器黄色，气门板近圆形，两气门管很短，端面紧靠在一起。每气门管端部有气门裂 3 个，下方 2 个，外上方 1 个。

蛹：围蛹，头端膨大，初化蛹时为乳白色，接近羽化时为褐色，蛹长 8.5~9.1 mm，宽 3.5~4.0 mm。体背中后部有 2 条白色带，中间有 1 条细纹，腹部末端残留幼虫期后气门痕迹。

38.3.2 黑带食蚜蝇

成虫：体长 8~10 mm，翅展约 20 mm。体略狭长。头部棕黄色，被黄粉，额毛黑色，颜毛黄色。复眼红褐色，雄虫两复眼在头背面连在一起，雌虫则分离。触角 3 节，第 1、第 2 节之和与第 3 节约等长，橙黄至黄褐色，第 3 节的背侧有时略黑。中胸背面有 4 条亮黑色纵纹，内侧 1 对狭，且不达盾片后缘，外侧 1 对宽，达盾片后缘。小盾片黄色，背面的毛黑色，侧、后缘的毛黄色。腹部较细长，背面棕黄色，上有黑纹，但黑纹变化大，一般第 1 节绿黑色，第 2、第 3 节后缘及第 4 节后缘各有 1 较宽的黑色横带；第 3、4 节近前缘各有 1 细狭的黑色横带，其中央向前尖凸，有时不到达侧缘甚至中央，第 2 节中央的黑斑有时呈倒箭头形，有时呈菱形或双钩形。足棕黄色，基、转节黑色。翅稍带棕色，翅痣色略暗（图 38.2）。

卵：长约 0.8 mm，宽约 0.3 mm，近白色，长圆筒形，一端略小，有瓜蒂状痕迹，表面密布白色纵向短条状刻纹。

幼虫：蛆状，头端小，末端大，形似子弹。老熟幼虫 9~13 mm，肉白色，

图 38.2 黑带食蚜蝇

略透明。体多环纹，各节侧面有肉突，上着生一从短毛。背面可透见体内纵向黑色大斑，斑内可见白色或红色纵向及不规则的条状内藏物。腹面末端有 2 个圆柱状合并在一起的突起，浅黄绿色，端部略膨大，端面有 3 对周围红褐色的长形突起。

蛹：围蛹，头端膨大，末端急细，长约 6 mm，宽约 3 mm，上有 3~4 条粗细不匀的棕色横纹，位于体中部的 2 条横纹在背线处明显后凸。

38.3.3 大灰食蚜蝇

成虫：体长 9~10 mm，头顶三角区黑色，具黑色短毛；额和颜棕黄色，颜具黄毛和黑色中条。触角棕黄色至黑褐色，第 3 节基部下侧色淡。中胸背板暗绿色，毛黄色；小盾片棕黄色，毛同色，有时混以少数黑毛。腹部黑色，第 2~4 背板各具 1 对大形黄斑；雄性第 3、第 4 背板黄斑中间常相连接，第 4、第 5 背板后缘黄色，第 5 背板大部黄色，露尾节大，亮黑色。雌性第 3、第 4 背板黄斑完全分开，第 5 背板大部黑色。足棕黄色，后足腿节基半部及胫节基部 4/5 黑色。翅透明，翅痣黄色，平衡棒黄色（图 38.3）。

卵：近白色，长圆筒形。

幼虫：蛆状，体灰褐色，老熟幼虫体长 12~13 mm。体壁粗糙，背中央有 1 条前狭后宽的黄色纵带，第 4~10 节背部正中各有 1 条黑纹，5~10 节上的黑纹较粗，而且两侧各有 1 条前端向内后端偏外的褐色斜纹。背中央黄色纵带的两侧黄褐色，中间杂以黑、白、紫等色。体背和两侧有刺突，末端呼吸管甚短，呈黑色。每侧 2 个突起，短刺毛棕褐色，气门 3 个。

图 38.3 大灰食蚜蝇

蛹：长 6~7 mm，棕黄色，半球形，后端腹面稍向内凹入，尾端向下略弯，呼吸管甚短，向后伸。背面有横行的黑条纹和短刺突。

38.3.4　短翅细腹食蚜蝇

成虫：体细长，长 8~12 mm。头部黄色；单眼三角区黑色。雌虫额条斑黑色，长直达触角基部。中胸盾片黑色，前后肩胛两侧边缘及小盾片黄色，毛同色。腹部细长，长度超过翅，腹长为宽的 4~6 倍；腹面黄色，背面黑色，2~4节背板中部生有黄色宽横带。雌虫第 5 节背板两侧各有 1 黄斑，使之呈黑色倒"T"形；第 6 节大部黄色，具 3 个小黑斑；雄虫第 5 背板黄斑形状变异大，有时微呈雁飞状，有时整个背板黄色，只有几个小黑点（图 38.4）。

图 38.4　短翅细腹食蚜蝇

幼虫：体绿色，光滑，长约 6 mm。头胸部明显较细，体背隐约可见暗色背管。

蛹：绿色，光滑无小刺突，长 5 mm 左右。近羽化时，体前部微呈淡褐色。

38.3.5　长尾管蚜蝇

雄性体长 13 mm。复眼暗棕色，被棕色短毛，中间具 2 条深棕色长毛紧密排列形成的纵条纹。头顶黑色，被黑毛。触角暗褐色到黑色。中胸背板黑色，被淡棕色毛，小盾片黄或棕黄色，被同色毛。后胸腹板被毛。翅透明，R_{4+5} 脉环状深凹，翅中部具棕褐色到黑褐色斑，部分个体不明显。腹部第 1 节背板暗黑色，第 2 节、第 3 节背板具 "I" 形黑斑，第 4 节、第 5 节背板大部黑色（图 38.5）。

图 38.5　长尾管蚜蝇

38.4　生活习性

食蚜蝇具有重要的生态价值。在华北，黑带食蚜蝇和大灰优食蚜蝇 1 年发生约 5 代，以蛹在浅土层越冬。小麦田抽穗扬花期最为常见。食蚜蝇成虫飞行速度快，喜欢访白菜、大葱、萝卜等作物的花，在麦田主要取食野菜和小麦的花粉和花蜜，也可以取食蚜虫蜜露。食蚜蝇成虫交配后一般将卵散产于蚜虫群内，每头雌食蚜蝇成虫可产约 100 粒卵。幼虫孵出后，用口器吸食周围蚜虫，吸干后立即扔掉空壳，继续吸食新的个体。随着龄期的增加，幼虫取食量逐步增加，在幼虫发育期，每头食蚜蝇幼虫一般可取食 400 头蚜虫，有时甚至多达上千头。一般完成 1 代需要 25 天左右（图 38.6–图 38.14）。

图 38.6 食蚜蝇（卵、低
龄幼虫）和小麦
蚜虫

图 38.7 食蚜蝇（卵）和
麦无网长管蚜

天 敌 · 麦田食蚜蝇

图 38.8 食蚜蝇（卵、低
龄幼虫）和荻草
谷网蚜

图 38.9 食蚜蝇（幼虫）
捕食蚜虫

图 38.10 食蚜蝇（幼虫）
捕食荻草谷
网蚜

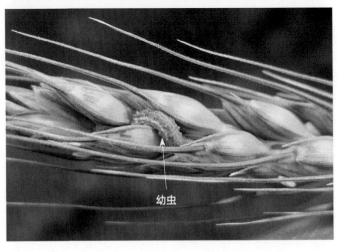

图 38.11 食蚜蝇（幼虫）
捕食蚜虫

图 38.12　食蚜蝇蛹
　　　　　（绿色初期）

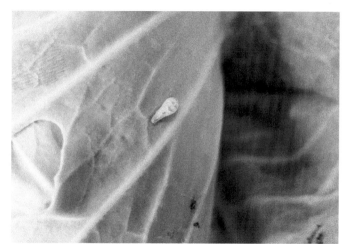

图 38.13　食蚜蝇蛹
　　　　　（菜田）

图 38.14　食蚜蝇蛹
　　　　　（褐色末期）

天　敌·麦田食蚜蝇

第三十九章
蚜茧蜂

39.1 分类地位

蚜茧蜂是膜翅目姬蜂总科蚜茧蜂科昆虫的统称，成虫可以利用产卵器刺破蚜虫表皮将卵产于蚜虫体内，被寄生的蚜虫形成僵蚜而死亡。常见种类有烟蚜茧蜂 *Asaphes vulgaris* Walker 和燕麦蚜茧蜂 *Aphidius avenae* Haliday。

39.2 分布

燕麦蚜茧蜂和烟蚜茧蜂均为广布种，全国华北、华中、华南和西南地区都可见，但田间优势度不同。

39.3 形态特征

39.3.1 烟蚜茧蜂

雌蜂体长 1.9~2.6 mm，体多呈黄褐色和橘黄色，少数为暗褐色，其上散生细毛。头暗褐色，横宽，大于胸翅基片处的宽度，3 个单眼成锐角至直角排列，复眼大。触角长 1.5~2.0 mm，16~18 节，多 17 节，第 1 鞭节、第 2 鞭节等长，长是宽的 3.0~3.5 倍，前 3 节基部黄或黄褐色，其余褐色。胸背面暗褐，侧、腹面黄褐，少数标本全胸呈暗黄色。盾纵沟在上升部明显，边缘与中域有较长细毛。并胸腹节具窄小的中央小室，有明显的突脊，上部具 5~8 根毛，下部有 2~4 根毛。腹褐色，腹柄节、第 2 腹节背片中纵部与端部横片、第 2 背片和第 3 背片间的缝、足全呈黄色。翅痣黄色，长是宽的 4.0~4.5 倍，约与痣后脉等长，径脉第 1 段等于或略长于第 2 段。腹柄节长是气门瘤宽的 3.5 倍，具微弱的中纵脊；前侧区有成排纵细脊纹 5~10 条。产卵器凸出，不尖长，鞘褐色。卵圆形，具明显稀疏短毛。雄蜂体长 1.6~2.0 mm，触角长 1.7~2.1 mm，触角 19~20 节，头部近全褐色，触角褐色，足黄褐色，腹柄节背片与第 2 背片基部黄色，第 2

节、第 3 节板片间的缝具黄带，其余腹部暗褐色，腹部末端钝圆。

39.3.2　燕麦蚜茧蜂

　　体长 2.5~3.4mm。体褐色；脸、唇基、口器为黄褐色；腹柄节前端 2/3 为黄褐色，后缘 1/3 为黑褐色，足黑褐色。头横宽；后头脊明显；上颚比复眼横径短，两边近于平行。触角 15~17 节（多数个体 16 节）；鞭节粗，第 1 鞭节长为宽的 3 倍，第 10 鞭节长为宽的 2 倍。盾纵沟深而明显，内具横脊，沟缘具长毛。并胸腹节由隆脊形成很窄且小的五边形小室。腹柄节长，长度为气门瘤处宽度的 3.5 倍，由气门瘤以后逐渐扩大。腹部纺锤形。产卵管鞘短而宽，背面隆起明显，上具 4~5 根长毛，腹面具 4 根长毛。前翅中脉基部消失，第 1 径室与中室愈合；径室外缘由第 2 径间脉封闭（颜色较浅）；翅痣长为宽的 3.3 倍，为痣外脉的 1.5 倍；径脉第 1 段为翅痣宽度的 1.4 倍（图 39.1–图 39.3）。

图 39.1　蚜茧蜂（叶部）

图 39.2　蚜茧蜂（穗部）

图 39.3　蚜茧蜂

39.4　生活习性

　　蚜茧蜂属于寄生性天敌，25℃时，约10天完成1代，一年发生约20代，部分地区以滞育老熟幼虫或蛹越冬，在华北地区，田间蚜茧蜂种群增长略迟于蚜虫种群，受天气和农药使用水平的影响，不同年份的田间发生情况不尽相同。蚜茧蜂一般白天活动，有一定的趋黄性和趋光性，田间悬挂黄板和灯光均能诱集蚜茧蜂成虫。蚜茧蜂将卵产于蚜虫体内，有翅蚜和无翅蚜均可被寄生，幼虫在蚜虫体内发育后，膨大形成近球形银灰色的僵蚜。僵蚜上如果有小孔说明其内的蚜茧蜂已经羽化，生产中需要采集时，需要密切留意羽化孔的有无（图39.4–图39.8）。

图 39.4　僵蚜（小麦穗部的禾谷缢管蚜）

图 39.5　僵蚜（小麦穗部）

图 39.6　僵蚜（荻草谷网蚜）及食蚜蝇

天
敌
·
蚜
茧
蜂

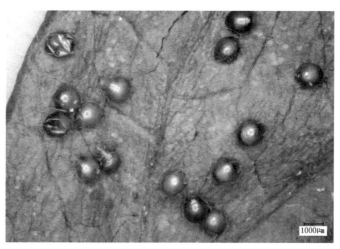

图 39.7　僵蚜（室内拍摄）

图 39.8 僵蚜（有圆孔的
表示蜂已羽化）

天　敌·蚜茧蜂

第四十章
异色瓢虫

40.1 分类地位

异色瓢虫 *Harmonia axyridis* Pallas，也叫亚洲瓢虫，是麦田蚜虫的一种重要且常见的捕食性天敌，隶属于瓢虫科，属于完全变态昆虫。

40.2 分布

异色瓢虫原产于亚洲东北部，主要分布于中国、蒙古、朝鲜和日本等国家。异色瓢虫也被引入北美和欧洲等地用于生物防控。在欧洲，由于异色瓢虫增加，严重威胁到本地瓢虫的生存，因此，在当地，异色瓢虫又变成了一种"变相的入侵害虫"。

40.3 形态特征

成虫：体长 5.4~8 mm，体宽 3.8~5.2 mm。卵圆形，半球形拱起，鞘翅光滑无毛，鞘翅靠近末端处有明显的横脊痕（鉴定该种的重要特征）。鞘翅色泽斑纹变异甚大。头部橙黄或橘红色或黑色；前胸背板在中线两侧共具 2 对黑斑，1 对位于中线中央两侧，另 1 对位于中线近基部两侧。在中线与侧缘之间，除上述斑点外，在中线中央近基部处具 1 长形黑斑，或各斑相互连接成"M"形，或"M"形斑的基部扩大形成黑色近梯形大斑，或基色为黑色，两肩角部分具浅色大斑；小盾片与鞘翅同色或黑色，如为浅色型，则黑色部分常扩大，在两侧鞘翅上形成小盾斑。

鞘翅的色泽及斑纹变异有下列类型。①黄底型（也称非黑底型）：基色为橙黄至橘红色，斑点数 0~19 个不等。②花斑型：鞘翅底色为黑色，上有橙红色斑点，其大小和相连程度有变化。③二窗型：鞘翅底色为黑色，两翅中上部均有 1 个较大的黄色或红色斑点。④四窗型：鞘翅底色为黑色，两翅均有 1 对较大的黄色或红色斑点，前大后小（图40.1）。

卵： 长1~1.5 mm，呈纺锤形，直立排成卵块，初生时多乳黄色，后变为橙色，近孵化时变为黑色（图40.2）。

幼虫： 老熟幼虫体长10~15 mm，体黑色，腹部灰色，侧缘有排列较密的白色斑点，背有1长"口"字形黄斑，在"口"字末端有4个黄色刺点（图40.3-图40.5）。

蛹： 见图40.6。

图 **40.1** 异色瓢虫（成虫，多种色型）

图 40.2　异色瓢虫
　　　　（卵）

图 40.3　异色瓢虫
　　　　（老熟幼虫）

图 40.4　异色瓢虫
　　　　（幼虫）

天 敌 · 异色瓢虫

图 40.5　异色瓢虫
（老熟幼虫）
捕食蚜虫

图 40.6　异色瓢虫
（蛹）

40.4　生活习性

　　异色瓢虫成虫和幼虫均有捕食性，适生能力很强，捕食对象有粉虱、蚜虫、木虱、螨类、介壳虫等。异色瓢虫完成一个世代大约需要 25 天，成虫具有一定趋光性。从 10 月下旬开始，在北方地区异色瓢虫会聚集于山洞、石块、屋檐缝隙中开始准备越冬，翌年 3—4 月出洞，开始取食繁殖。异色瓢虫具有迁飞习性，北迁的时间为每年 3—4 月，回迁时间为 10 月上旬至 10 月末。此外，异色瓢虫还存在自残、滞育和假死等习性。虽然成虫和幼虫均有捕食性，但二者捕食量差异较大，日捕食量依次为 4 龄幼虫 > 成虫 >3 龄幼虫。

第四十一章
龟纹瓢虫

41.1 分类地位

龟纹瓢虫 *Propylaea japonica*（Thunberg），隶属于鞘翅目瓢虫科，也是麦田蚜虫的一种常见天敌。

41.2 分布

在我国大部分地区都有分布。

41.3 形态特征

成虫： 体长 3.4~4.7 mm，宽 2.5~3.2 mm。外观变化很大，可分为标准型、无纹型、四黑斑型、前二黑斑型、后二黑斑型等多种。头部多为黑色，前胸背板黄色，中央具有黑色大斑，基部与后缘相连，有时黑斑扩展至整个前胸背板。标准型翅鞘上的黑色斑呈龟纹状；无纹型翅鞘除接缝处有黑线外，其余为单纯橙色（图 41.1－图 41.4）。

卵： 长椭圆形，长 0.87~0.97 mm，宽 0.43~0.51 mm。两端尖圆。每个卵块 6~8 粒，直立成 2 行排列。

幼虫： 共 4 龄，老熟幼虫长 5.7~6.3 mm。头部黑褐色，背中线淡黄色，在中、后胸和第 1 腹节上扩大为色斑。中、后胸及各腹节各有 3 对刺疣，各刺疣上着生有数根细刚毛；第 1 腹节的侧刺疣和侧下刺疣、第 4 腹节的各刺疣及 5~7 腹节的侧下刺疣均为灰白色（图 41.5－图 41.6）。

蛹： 体长约 3.7 mm，宽约 2.6 mm，浅褐色，前胸背板后缘中央有 2 个黑斑，翅芽黑褐色，后胸被中央及腹部第 2~ 第 5 节背面两侧各有 2 个黑斑，各节中央有微圆形凹陷（图 41.7）。

图 41.1　龟纹瓢虫成虫
（标准型）

图 41.2　龟纹瓢虫
（无纹型）

图 41.3　龟纹瓢虫交配
　　　　（不同色型）

图 41.4　龟纹瓢虫交配
　　　　（标准型）

天　敌·龟纹瓢虫

图 41.5　龟纹瓢虫
　　　　（幼虫）
　　　　捕食蚜虫

图 41.6　龟纹瓢虫
　　　　　（幼虫）

图 41.7　龟纹瓢虫
　　　　　（蛹）

天
敌
·
龟
纹
瓢
虫

41.4 生活习性

　　龟纹瓢虫成虫和幼虫可捕食麦蚜、棉蚜、玉米蚜、菜蚜及棉铃虫卵、幼虫等多种猎物。龟纹瓢虫较耐高温，1 年发生 4~6 代，南方地区可以发生 8 代，以成虫越冬。小麦返青后，越冬代成虫陆续开始活动，存在世代重叠现象，10 月或 11 月陆续进入越冬。在 25℃、相对湿度 80% 的条件下，完成一代的发育时间约 25 天，每雌可产卵几十块，总卵数可达 1 000 粒以上。龟纹瓢虫非常活跃，麦收后，受高温和蚜虫减少的影响，其他瓢虫数量骤降，龟纹瓢虫因耐高温，喜高湿，则成为各类作物田的优势瓢虫种类。在北京地区，当高温来临时，龟纹瓢虫成虫有躲避于玉米芯叶的习性。

第四十二章
多异瓢虫

42.1 分类地位

多异瓢虫 *Adonia variegata*（Goeze），隶属于鞘翅目瓢甲科，也是麦田蚜虫的一种常见捕食性天敌。

42.2 分布

分布于北京、吉林、辽宁、内蒙古、新疆、四川、西藏、陕西、湖北等地，在新疆等西北地区为常见优势种。

42.3 形态特征

成虫：体长 4.0~5.0 mm，宽 2.5~3.0 mm。头部黄白色，后缘黑色，顶部有 4 个黑斑，颜面正中 1 个，后缘 3 个。复眼黑色，触角、口器黄褐色。前胸背板明显隆起，前胸背板黄白色，基部通常有黑色横带向前成 4 叉分开，或构成 2 个"口"字形斑。小盾片三角形，黑色。鞘翅黄褐色到红褐色，两鞘翅上一般共有 13 个黑斑，斑纹常有变异，呈现 11 个、9 个、7 个黑斑型。足基部黑色，端部褐色。雄虫较雌虫小（图 42.1－图 42.5）。

卵：长椭圆形，长约 1 mm，宽约 0.3 mm。初产时黄白色，待孵化时变为淡黄色。卵壳表面有光泽，紧密排列呈块状。

幼虫：共 4 龄，老熟幼虫长 6~7 mm。头部、口器黑色，背中线在腹部白色，胸部灰色，胸背有 2 对黑色枝刺着生在黑色的肉疣上，腹部 9 节、紫色，1~8 节各有 3 对刺疣，第 1 节侧刺疣和侧下刺疣橘红色，第 4 节背中刺疣和侧刺疣之间白色。

蛹：体长约 4 mm，宽约 2.5 mm，初为黄白色，后逐渐转为灰黑色，前胸和中胸背部各有 2 个黑斑，黑斑外侧各有 1 白斑，翅芽黑色，腹部 2~5 节，各有 4 个黑斑。

图 42.1 多异瓢虫
（红色四叉斑型）

天
敌
·
多
异
瓢
虫

图 42.2 多异瓢虫
（黄色四叉斑型）

图 42.3 多异瓢虫
（不同体色交配）

图 42.4 多异瓢虫
（同体色交配）

图 42.5 多异瓢虫
（双口斑型）

天敌·多异瓢虫

42.4 生活习性

多异瓢虫成虫和幼虫均有捕食性，喜食对象有麦蚜、高粱蚜、豆蚜等。成虫飞翔能力强，具有假死行为，较耐饥饿，成虫之间虽然没有自相残杀习性，但是可以取食同类幼虫和卵。多异瓢虫 1 年繁殖 2~3 代，由于成虫寿命可达 44 天，因此，世代重叠现象非常严重。多异瓢虫捕食量较大的阶段是 3 龄幼虫以后和成虫期。在 25℃、相对湿度 80% 的条件下，完成一代的发育时间约 60 天，每雌可产卵 200~500 粒，最多可达 817 粒。在北京地区，多异瓢虫越冬代成虫活动高峰期为 5 月，常与其他种类混合出现。

第四十三章
七星瓢虫

43.1 分类地位

七星瓢虫 *Coccinella septempunctata* L.，隶属于鞘翅目瓢虫科瓢虫属。

43.2 分布

七星瓢虫广泛分布于非洲、欧洲、亚洲。在中国分布于东北、华北、华中、西北、华东和西南地区。

43.3 形态特征

成虫：体长 5.2~7.0 mm，宽 4.0~5.6 mm。虫体卵圆形，背面光滑，呈半球状。头部黑色，额与复眼相连缘上各有 1 个淡黄色圆斑，复眼黑色，触角褐色，口器黑色。刚羽化的成虫柔软，嫩黄色，2~3 小时后，整个体躯和鞘翅变硬，颜色由黄变红。鞘翅红色或橙黄色，共 7 个黑色斑点，鞘翅基部近小盾片两侧各有 1 个白三角形斑。腹面黑色，中胸后侧片白色，足黑色，胫节有 2 根刺距，爪有基齿。七星瓢虫雌雄斑纹相同，雌虫常较雄虫大，雄虫腹部腹面末端有一小的横凹陷，而雌虫则平坦而光滑，无此凹陷（图 43.1－图 43.4）。

卵：呈块状，卵粒梭形，黄色，与其他捕食性瓢虫卵类似。

幼虫：共 4 龄。1 龄幼虫：全黑色，从中胸至第 8 腹节，每节各有 6 个毛疣。2 龄幼虫：体长约 4 mm，头部和足全黑色，体灰黑色；前胸左右后侧角黄色。腹部每节背面和侧面省 6 个刺疣，第 1 腹节背面左右 2 刺疣黄色，刺黑色；第 4 腹节背面刺疣黄色斑不明显，其余刺疣黑色。3 龄幼虫：体长约 7 mm，体灰黑色，头、足、胸部背板及腹末臀板黑色；前胸背板前侧角和后侧角有黄色斑；第 1 腹节左右刺疣和侧下刺疣橘黄色，刺黑色；第 4 腹节背侧 2 刺疣微带黄色，其余刺疣黑色。4 龄幼虫：约 11 mm，特征与 3 龄相似。

蛹： 体长 7 mm，宽 5 mm。体黄色。前胸背板前缘有 4 个黑点，中央 2 个，呈三角形，前胸背板后缘中央有 2 个黑点，两侧角有 2 个黑斑。中胸背板有 2 个黑斑。腹部第 2~6 节背面左右有 4 个黑斑。腹末带有末龄幼虫的黑色蜕皮。

43.4 生活习性

七星瓢虫以成虫越冬，多选择较干燥且温暖的枯枝落叶下、杂草基部近地面的土块下、土缝中、树皮裂缝处潜伏，蛰伏越冬后，若温度回暖，又爬出越冬场所活动。七星瓢虫发育受食物和温度的影响。在 15℃条件下，幼虫期长达 44.1 天，而在 24~26℃时，幼虫期只有 8~9.4 天，33℃时幼虫期又延长到 16.2 天。

图 43.1　七星瓢虫
　　　　　（成虫侧面观）

图 43.2　七星瓢虫
　　　　　（成虫背面观）

天　敌·七星瓢虫

图43.3 迁飞降落探照灯的七星瓢虫

图43.4 迁飞降落在杂草的七星瓢虫

越冬代成虫寿命一般都较长，可达8~10个月，非越冬代成虫一般可活2~3个月。成虫、幼虫均可捕食，但捕食方式有差异。1头七星瓢虫的成虫，平均一天吃棉蚜100~120头，吃菜蚜147头，吃杏蚜59头。幼虫食蚜量则因龄期的大小而不同，龄期小吃得少，龄期大吃得多。早春，七星瓢虫不仅吃蚜虫，还取食小土粒、真菌孢子和一些小型昆虫。秋天，七星瓢虫则常常取食植物的花粉。七星瓢虫有吃卵和互相捕食的习性。在食物不足的情况下，七星瓢虫成虫很容易吃掉已产下的卵块。幼虫则常互相捕食。同一卵块早孵出的个体，常吃掉尚未孵化的卵粒。大龄幼虫常吃掉小龄幼虫。蛹也常被成虫和大龄幼虫吃掉。成虫有假死习性，遇到天敌时还可以渗出带有辣臭味的黄色汁液，进行驱敌。

第四十四章

草　蛉

44.1 分类地位

　　草蛉也称草蜻蛉，幼虫被称为蚜狮，是蚜虫、叶螨、鳞翅目（卵及低龄幼虫）等多种农林害虫的重要天敌，英文名有 Golden eyes（金色的眼睛）、Green lacewings（绿色花边翅）、Stink flies（臭蛉）等。麦田常见种类有大草蛉 *Chrysopa pallens*（Rambur）、日本通草蛉 *Chrysoperla nippoensis*（Okamoto）（也称中华草蛉，异名 *Chrysopa sinica* Tjeder）、叶色草蛉 *Chrysopa phyllochroma* Brauer 和丽草蛉 *Chrysopa formosa* Brauer，均隶属于脉翅目草蛉科。

44.2 分布

　　4 种草蛉在北方地区非常常见，但是不同地区的优势度存在明显差异，在北京地区，春秋季日本通草蛉（中华草蛉）占优势。

44.3 形态特征

　　田间不同草蛉的卵、幼虫、蛹具有相似性，本书只介绍草蛉类的一般特征，供读者田间进行识别。

44.3.1 成虫

44.3.1.1 大草蛉

　　成虫体长 11~14 mm，前翅长 15~18 mm，后翅长 12~17 mm。体黄绿色。头部黄色，一般有 7 个斑，也有 5 个斑。触角细长，丝状，基部 2 节黄绿色，其余均为浅褐色；复眼很大，呈半球状突出于头部两侧。口器发达，下颚须和下唇须均为黄褐色。胸部黄绿色，背板有 1 条宽黄色纵带；腹部全绿，密生灰色长毛。足黄绿色，胫端及跗节黄褐色，爪褐色。4 翅透明，翅脉大部黄绿色，但前翅前缘横脉列和翅后缘基半的脉多呈黑色；两组阶形排列的阶脉中央黑色，而两端仍为绿色；后翅仅前缘横脉和径横脉大半段为黑色，阶脉则同前翅；翅脉上多黑毛，翅缘的毛多为黄色（图44.1-图44.2）。

图 44.1　大草蛉（成虫，笼罩内拍摄）

图 44.2　大草蛉（成虫，麦田生态照）

44.3.1.2　日本通草蛉（中华草蛉）

　　成虫体长 9.5~10 mm，前翅长 12~14 mm，后翅长 11~13 mm。头部黄色，具黑褐色颊斑和唇基斑，下颚和下唇须暗褐色。触角比前翅短，基部 1~2 节与头部同色，其余黄褐色。前胸绿色，背板为黄色纵带；足黄绿色，具褐色毛；胫节、跗节及爪褐色。翅窄长，端部较尖，前翅前缘横脉列 22 条，近 Sc 端褐色；径横脉 11 条，第 1 条至 8 条中间绿色、两端褐色，第 9 条至第 11 条褐色；Rs 分支 11 条，第 1 条至第 2 条褐色，第 3 条至第 5 条中间绿色、两端褐色，剩余近 Rs 端褐色；Psm-Psc 8 条，第 1 条、第 2 条、第 8 条褐色，剩余中间绿色；内中室三角形。后翅前缘横脉列 18 条，近 Sc 端褐色。腹部背面为黄色纵带，两侧绿色，腹面浅黄色，具灰色毛（图44.3-图44.4）。

图 44.3　日本通草蛉
（杂草）

图 44.4　日本通草蛉
（蔬菜田）

天敌·草蛉

44.3.1.3　丽草蛉

　　体长 8~11 mm，前翅长 13~15 mm，后翅长 11~13 mm。头部绿色，具 9 个黑褐色斑；下颚须和下唇须均为黑色。触角比前翅短，第 1 节绿色，第 2 节黑褐色，鞭节褐色。前胸背板绿色，两侧有褐斑和黑色刚毛，基部有一横沟，不达侧缘，横沟两端有"V"形黑斑；中后胸背板绿色，盾片后缘两侧近翅基处分别具 1 褐斑。足绿色，胫端、腹节及爪褐色，爪基部弯曲。前缘横脉列黑褐色，19条，翅痣浅绿色，内无脉，内中室三角形，阶脉绿色。腹部为绿褐色，背面具灰色毛。

44.3.1.4　叶色草蛉

　　体长 8~10 mm，前翅长 12~14 mm，后翅长 10~12 mm。头部绿色，具 9 个黑斑，头顶 2 个，近似椭圆形，中斑近似长方形，两角下斑新月形。触角长达前翅翅痣前缘，第 1 节绿色，第 2 节黑褐色，鞭节黄褐色，端部颜色加深。前胸背板宽大于长，淡黄绿色，侧缘为绿色，有不同的褐色斑点，背板四周有黑色刚毛，两侧居多。腹板黄绿色，中央 1 条黑色纵带，至前足基节基部。中部背板中部淡绿色，小盾片前后缘各有 1 圆形黑褐色斑。中胸背板上长有灰白色的毛。足绿色，基节、转节有灰色毛，腿节到跗节上为黑色刚毛。胫节基部绿色，端部绿褐色；跗节及爪黄褐色，爪简单，基部不弯曲。前翅端部钝圆，翅面及翅缘有黑色的毛。前翅前缘横脉列在翅痣前，26 条，基部为褐色，端部逐渐变绿；翅痣淡黄绿色，内有绿色脉。阶脉绿色。腹部绿色，密生黑毛（图 44.5– 图 44.6）。

图 44.5　叶色草蛉
　　　　　（杂草）

图 44.6　叶色草蛉
　　　　　（玉米叶）

44.3.2　卵

椭圆形，一般为绿色或乳白色，常具有丝状柄，具弹性，柄长因种类有差异（图 44.7– 图 44.9）。

图 **44.7**　草蛉卵
　　　　（玉米叶）

图 **44.8**　草蛉卵
　　　　（麦穗）

图 **44.9**　草蛉卵
　　　　（花椰菜）

天
敌
·
草
蛉

44.3.3　幼虫

幼虫属于寡足型，身体纺锤形，初孵幼虫无色，头部和身体颜色会随着幼虫生长而加深。头部扁宽，丝状触角位于眼的前方背面，头壳高度几丁质化，触角、上颚、下唇须等颜色通常深于头壳；上、下额弯曲，上颚的腹面有一条沟，被细长的下颚覆盖，形成一条食道。体躯有显著的毛，在3龄时有发音作用（图44.10-图44.12）。

天敌·草蛉

图 44.10　草蛉幼虫捕食蚜虫（西瓜）

图 44.11　草蛉幼虫捕食蓟马（青椒）

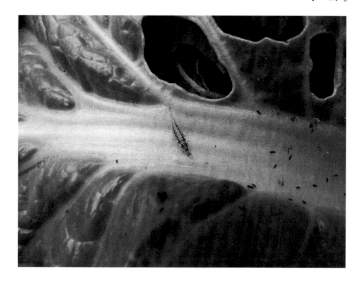

图 44.12　草蛉幼虫捕食
跳虫（白菜）

44.3.4　蛹

属于强颚离蛹，足可以自由活动，卷曲的触角位于翅旁边。卵圆形的茧由多层白色或黄色丝线组成，并通过外层蓬松的网丝固定在寄主上面。

44.4　生活习性

上述几种草蛉成虫都有一定的趋光性，虫情测报灯和高空探照灯等均能诱集一定量的成虫。成虫在遇到敌害时，可以放出恶臭气味。成虫寿命的长短与温度关系密切。一般低温寿命长，高温寿命短。在 4 月、6 月、8 月、9 月寿命为 60 天左右，7—8 月为 40~50 天。雌虫寿命长于雄虫。单雌最高产卵量近 1 400 粒，平均产卵量在 800 粒左右。在 25℃时，4~6 天可以孵化。刚孵化的幼虫在卵壳上静止不动，停留一段时间后，可以顺着卵柄爬下寻找猎物。草蛉幼虫共蜕皮 2 次，有 3 个龄期，幼虫喜欢将吸食后的蚜虫空壳背在身体后。幼虫老熟后，会寻找较为隐蔽的地方结茧，茧壁由老熟幼虫肛门喷出的丝织成的。幼虫在茧内呈"C"形弯曲，脱去身体上的毛，逐渐化蛹。

天
敌
·
草
蛉

193

第四十五章
卵形异绒螨

45.1 分类地位

卵形异绒螨 *Allothrombium ovatum* Zhang et Xin，是我国北方地区蚜虫的一种重要外寄生天敌。1977年，该螨在我国首次发现并报道，一生可分为卵、前幼螨、幼螨、若蛹、若螨、成蛹和成螨7个阶段。

45.2 分布

河南、山东、山西、江西、北京、河北、天津等地均可见。

45.3 形态特征

卵：球形，直径180 μm，橘红色，后颜色逐渐变淡。自然条件下卵结成卵块，最多可达500粒。

螨期：可分为幼螨期、若螨期、成螨期3个阶段，有些阶段还可以细分。幼螨：长椭圆形，红色，3对足，背盾2块，前背盾大，后缘中部具1钝突。若螨：4对足，深红色，形态与成螨类似。成螨：长椭圆形，深红色，密被细分支状刚毛。雌螨大于雄螨（图45.1-图45.7）。

45.4 生活习性

卵形异绒螨在山东1年发生1代，以卵越冬。每年4月中旬前幼螨大量出现，4—5月为幼螨活动盛期，5月20日前后，幼螨种群数量达到高峰，随后开始入土。6月中下旬为若螨期，6月下旬至7月上旬开始出现成螨。初孵幼螨活泼，遇到蚜虫后立即寄生。有翅蚜虫是幼螨在田间扩散的主要载体。据资料记载，有翅蚜在迁飞途中携带1头螨的比例为92.0%，携带2头螨的比例为6.7%，最多可携带3头螨，比例约1.3%。针对小麦田，卵形异绒螨幼螨喜欢寄

图 45.1　卵形异绒螨（成螨）

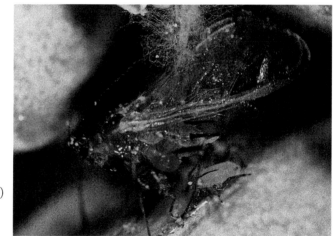

图 45.2　卵形异绒螨（幼螨）
　　　　寄生有翅型荻草
　　　　谷网蚜

图 45.3　卵形异绒螨（幼螨）
　　　　寄生有翅型荻草
　　　　谷网蚜

图45.4 卵形异绒螨（幼螨）
寄生无翅型荻草谷
网蚜

图45.5 卵形异绒螨（幼螨）
寄生荻草谷网蚜
（麦穗）

图45.6 卵形异绒螨（幼螨）
寄生无翅型荻草谷
网蚜（麦秆）

天敌·卵形异绒螨

图 45.7 卵形异绒螨（幼螨）
寄生有翅型禾谷
缢管蚜

生获草谷网蚜，不喜欢寄生禾谷缢管蚜和麦无网长管蚜。幼螨发育后期，活动速
度缓慢，受惊后，会脱离蚜体，进入土中变为若螨。若螨体色深，多发生在长有
杂草或覆盖有植物残体的潮湿地表。气温低或天气干旱时，若螨潜伏于土层中。
雨后或农田浇水后，会出土活动。成螨、若螨都营捕食生活，猎物主要是蚜虫、
蓟马等小型昆虫。成螨行动迟缓，晚秋气温较高时，才出土活动，受惊吓时，有
假死现象。成螨喜欢潮湿环境，在含水量 12.5% 的土壤内产卵量最高。除寄生
蚜虫外，卵形异绒螨还可以寄生甜菜夜蛾、小地老虎、苹果大卷叶蛾、菜粉蝶、
银纹夜蛾的幼虫，以及草履蚧、瓢虫、叶甲等。

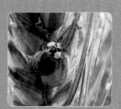

绿色防控

第四十六章
小麦全生育期绿色防控技术

绿色防控·小麦全生育期绿色防控技术

绿色防控是在"公共植保、绿色植保"理念的基础上，根据"预防为主、综合防治"的植保方针，结合现阶段植物保护工作的现实需要和可采用的技术措施，形成的一个技术性概念。其内涵就是按照"绿色植保"理念，采用农业防治、物理防治、生物防治、生态调控以及科学、合理、安全使用农药的技术，有效控制农作物病虫害，确保农作物生产安全、农产品质量安全和农业生态系统安全，达到农业增产、增收的目的。绿色防控是农业领域践行我国新发展理念的重大举措，对我国农业可持续发展、高质量发展和农业现代化的实现都具有重要意义。

小麦病虫害绿色防控就是从麦田生态系统的整体出发，以农业防治为基础，综合采取各种手段，趋利避害，提升小麦的抗病虫或耐病虫害能力，必要时，适量使用化学农药，将病虫为害损失降到最低。根据小麦不同生育阶段、不同生态区域的重点病虫发生种类及状况，小麦绿色防控技术采取包括农业防治、理化诱控、生物防治、生态控制、科学用药等多项技术，突出种植抗病虫品种、推广药剂拌种、适期播种、健康栽培等预防控制措施，推进穗期统防统治与绿色防控技术融合，实现"一喷多防"，有效控制小麦病虫害，将麦田主要有害生物的种群密度控制在经济允许水平以下，以减少产量损失，提升小麦品质，达到经济、社会和生态效益同步增长的目的。

46.1 防控措施

46.1.1 病虫害监测预警

在小麦病虫害的关键为害期，利用色板、灯光、性诱捕器、孢子捕捉仪等设备，对蚜虫、黏虫、草地贪夜蛾、棉铃虫、吸浆虫、条锈病、纹枯病、白粉病、赤霉病等病虫害开展大面积普查和系统调查。根据调查结果和气象数据及小麦长势等资料，对重大病虫害发生趋势进行综合分析，发布预警信息，力争对重大病虫害做到早发现、早预警、早防治，避免进一步扩散和蔓延（图46.1-图46.3）。

图 46.1 小麦病虫害
观测圃

图 46.2 麦田黄板诱捕
小麦蚜虫

图 46.3 小麦病虫害的
系统调查

绿色防控·小麦全生育期绿色防控技术

46.1.2　农业措施

　　推广精耕细作、合理密植、科学灌溉、配方施肥，推行轮作倒茬、秸秆还田、适期播种等抗害防灾的健康栽培措施（图46.4）。

　　选择抗（耐）性品种并合理品种布局。种植抗病、抗虫优良品种，且避免单一化，以延长抗性品种的使用年限和提高其整体抗性水平（图46.5）。

图46.4　播种期精耕细作

图46.5　推广优质
抗（耐）性品种

46.1.3　生态调控

　　结合麦田生态系统，采用间作、套作等模式，招引、保护、调控自然天敌，营造有利于小麦植株生长、天敌昆虫增长的环境，达到保益控害、提质增效、保护环境的目的（图46.6-图46.7）。

图 46.6 小麦 – 大蒜
间作套种

图 46.7 小麦 – 油菜
间作套种

绿色防控 · 小麦全生育期绿色防控技术

46.1.4 生物防治

生物防治是一种采用以虫治虫、以螨治螨、以菌治虫、以菌治菌等病虫害防治措施，以捕食螨、赤眼蜂、丽蚜小蜂、瓢虫等天敌应用最为广泛，其主要可分为寄生性天敌、捕食性天敌。小麦病虫害的生物防治技术主要是喷施生物制剂或者天敌对小麦病虫害进行防治，并充分发挥自然天敌的作用，控害保益（图 46.8–图 46.11）。

图 46.8 瓢虫捕食蚜虫

图 46.9 食蚜蝇捕食蚜虫

图 46.10 蚜茧蜂寄生
蚜虫形成僵蚜

绿色防控·小麦全生育期绿色防控技术

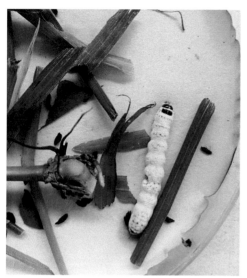

图 46.11 白僵菌和绿僵菌侵染草地贪夜蛾幼虫

46.1.5　科学用药

（1）小麦种子处理或土壤处理。种子处理包括种子包衣或拌种，可以有效预防种传和土传病虫害。种子处理包衣或拌种具有用药精准高效、药剂漂移减少、对环境污染的特点，有利于实现农药减量增效；利用先进包衣拌种机械和新型高效种衣剂（拌种剂）进行的统一种子处理，目前是最方便操作、最易被认可、最经济高效、最能体现社会化服务的专业化统防统治形式；有些种衣剂还具有促进发芽、保苗壮苗、增产提质的作用（图 46.12）。

图 46.12　种子包衣处理

（2）优选生物农药、新型植物免疫诱抗技术，减少化学农药。对于病虫指数达到防治指标以上的小麦田，优选如井冈·蛇床素、阿维菌素、苦参碱等生物农药。对于苗势较弱的田块在小麦返青期喷施氨基寡糖素、芸苔素内酯等植物免疫诱抗剂，调节小麦生长发育，增强抗病虫能力，减轻病虫为害（图46.13）。

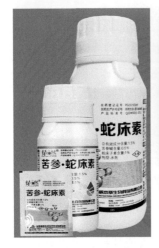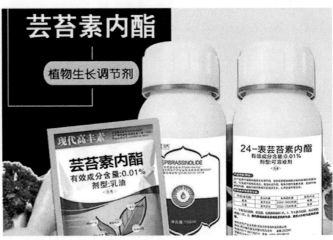

图 46.13 植物源农药

（3）大力推行统防统治。针对主要病虫害发生情况，选择适宜的高效、低毒、低残留农药，在病虫害为害关键期选用相应的杀菌剂、杀虫剂和植物生长调节剂或叶面肥等合理混用，实施"一喷三防"措施，防病治虫，防早衰，抵御"干热风"等自然灾害。施药机械有静电喷雾器、宽幅喷雾机、植保无人机、农用飞机等（图46.14-图46.16）。

图 46.14 自走式喷雾机

绿色防控·小麦全生育期绿色防控技术

图 46.15 植保无人机

图 46.16 示范与推广

46.2 不同生育期的防控策略

46.2.1 播种期

46.2.1.1 防治对象

锈病、白粉病、纹枯病、茎基腐、根腐病、全蚀病、黑穗病、麦蚜、叶螨（麦蜘蛛）和地下害虫等。

46.2.1.2 防治方法

（1）选择抗（耐）病虫小麦品种。在确保产量和品质的同时，因地制宜选择抗（耐）病虫小麦品种，压缩高感品种种植面积，具体品种的抗（耐）病虫情况可以登陆有关网站查询。

（2）土壤处理。在地下害虫严重发生区或连年秸秆还田的区域，可深翻土壤，精耕细耙，破坏地下害虫生存环境。必要时，翻耕土地时，还可以局部施用有效成分为辛硫磷或毒死蜱的颗粒剂，杀灭地下害虫，减少虫量。

（3）种子包衣或拌种。在地下害虫或苗期害虫或苗期病害发生比较重的麦区，可选用噻虫嗪、吡虫啉、辛硫磷等杀虫剂中的一种，配以苯醚甲环唑、咯菌腈、戊唑醇、烯唑醇、三唑酮等杀菌剂中的一种，混合进行拌种或种子包衣。三唑酮浓度过高会抑制种子出苗，因此使用浓度应严格按照农药包装说明书推荐的剂量使用，避免药害发生。

（4）合理密植。坚持适期、适量、适深播种（图46.17），控制小麦田间群体密度。

（5）加强管理。底肥增施有机肥，适当增施钾、磷肥和其他微肥，提高小麦植株抗性。播种要压紧，防止漏墒和冻害。要科学灌溉，北方越冬区重点浇好越冬水。

图 46.17 秋季播种精耕细作

46.2.2　出苗至越冬期

46.2.2.1　防治对象

麦田杂草、条锈病、白粉病、纹枯病、茎基腐病、根腐病、孢囊线虫、麦蚜、草地贪夜蛾、叶螨（麦蜘蛛）和地下害虫等。

46.2.2.2　防治策略

根据植物保护部门发布的病虫趋势预报，针对性做好本区域内麦田病虫害越冬基数的普查（图46.18）。重点监测条锈病、白粉病、纹枯病、叶螨（麦蜘蛛）、地下害虫等病虫害。孢囊线虫、根腐病发生严重的地块，在出苗后尽快采取镇压措施。条诱病要落实"带药侦查，打点保面"的防控策略，采取"发现一点，防治一片"的预防措施，及时控制发病中心。秋季杂草防治时，在历年病害如茎基腐病发生较重的地块，还可以添加一些保护性杀菌剂，起到病害预防的作用。另外，此时如果天气非常干旱，小麦叶螨常常发生较重，需要做好相关防治工作。

防治病害推荐的杀菌剂有戊唑醇、咪鲜胺、三唑酮、烯唑醇、戊唑醇、腈菌唑、丙环唑、氟环唑醚菌酯、烯肟菌胺等。杀螨剂有哒螨灵、阿维菌素、联苯菊酯、哒螨酮、甲维盐等。防治鳞翅目害虫可选用甲维盐、氯虫苯甲酰胺、啶虫脒、高效氯氰菊酯、乐果等；防治半翅目害虫如蚜虫、叶蝉等，可以选用吡虫啉、噻虫嗪、甲维盐、吡蚜酮等。

绿色防控·小麦全生育期绿色防控技术

图46.18 小麦出苗至越冬期

46.2.3　返青拔节期

46.2.3.1　防治对象

锈病、白粉病、茎基腐、纹枯病、叶螨（麦蜘蛛）、地下害虫等。

46.2.3.2　防治策略

（1）及时获取当地小麦病虫害发生趋势预报，根据预报结果，结合局部发生情况做好相关防控。

（2）防控相结合。本阶段一般为病虫害发生早期，要注意防控相结合，既要压低当前病虫发生基数，也要取得防控效果（图 46.19）。同时，注意一喷多效，即喷施一次可以防虫、防病、增产，但不能打放心药或保险药，要根据防控指标进行防控。当田间纹枯病病株率达 10%、白粉病病叶率达 10% 或条锈病平均病叶率达到 0.5%~1% 时，叶螨（麦蜘蛛）平均单行 33 cm 螨量 200 头或每株有螨 6 头，地下害虫为害死苗率达 10% 时，及时组织开展大面积应急防治。纹枯病可选用井冈霉素、噻呋酰胺、丙环唑等药剂对准植株中下部均匀喷雾防治；白粉病和小麦条锈病选用三唑酮、烯唑醇、戊唑醇、氟环唑、丙环唑、己唑醇、嘧啶核苷类抗菌素等三唑类、甲氧丙烯酸酯类药剂；小麦茎基腐发生严重地块选用戊唑醇＋丙硫菌唑喷雾；叶螨选用阿维菌素、联苯菊酯等药剂喷雾防治；地下害虫如金针虫、蛴螬、白眉野草螟幼虫严重为害时，可采用辛硫磷加细土配成毒土撒施，先撒施后锄地防效更好。

图 46.19 小麦返青拔节期

46.2.4 孕穗期至扬花期

46.2.4.1 防治对象

赤霉病、条锈病、白粉病、麦蚜、吸浆虫等。

46.2.4.2 防控策略

（1）做好病虫害调查，及时关注天气变化，及时准确获取当地小麦病虫害发生趋势预测（图 46.20）。根据预报结果，相关部门要结合具体发生情况提前做好专业化防控准备，尽可能采用统防统治，提高防控效果。

（2）注意保护利用天敌。天敌与麦蚜比例小大于 1∶150 时，可利用自然天敌对小麦蚜虫进行控制。

（3）根据病虫害的发生种类、特点和防治指标进行防控。当多种病虫混合发生为害时，根据病虫害的种类判断所用杀菌剂、杀虫剂、植物生长调节剂和肥料的类型，进行合理配比与施治，大力推行"一喷三防"技术。施药指标：当白粉病、条锈病病达到防治指标，小麦抽穗至扬花期如遇阴雨、露水和多雾天气等持续 2 天以上或 10 天内有 5 天以上阴雨天气，主动施药对小麦赤霉病进行预防，施药后 6 小时内遇雨应及时补充喷施药剂；田间百穗蚜量达到 800 头以上，天敌与麦蚜比例小于 1：150；田间扫网每 10 复网次内有 10~25 头吸浆虫成虫，或使用两手扒开麦垄看到 2~3 头成虫，或在抽穗前的 5 天内每 10 块黄板上有 4 头成虫。对于单一病虫害，可进行针对性防治，多种病虫害混合发生达到相关防治指标时，应及时开展大面积应急防治。

防治病害可选用氰烯菌酯、丙硫菌唑、嘧菌酯、戊唑醇、咪鲜胺、多菌灵、烯唑醇、氟环唑、己唑醇、腈菌唑、丙环唑等，若当地小麦赤霉病菌已对多菌灵产生抗药性，应停止使用多菌灵等苯丙咪唑类药剂，改用氰烯菌酯、丙硫菌唑、戊唑醇等进行防治，以保证防治效果；杀虫剂可选用啶虫脒、吡虫啉、呋虫胺、抗蚜威、苦参碱、高效氯氟氰菊酯、溴氰菊酯、辛硫磷、毒死蜱等，吡虫啉和啶虫脒不宜单一使用，要与低毒有机磷农药合理混配喷施。如果使用无人机喷雾，要注意使用专用剂型。

图 46.20 小麦孕穗期至扬花期

46.2.5 灌浆期

46.2.5.1 防治对象

白粉病、条锈病、叶锈病、纹枯病、麦蚜等。

46.2.5.2 防治策略

旱地小麦灌浆阶段（图46.21）易遭遇条锈病、白粉病、麦蚜等多种病虫为害，以及脱肥、高温天气等不良影响。对超过防治指标病虫种类（如麦蚜、条锈病、白粉病等），可采用杀虫剂和杀菌剂混合喷雾防治，喷药5~7天后检查防治效果，如仍严重，应再防治一次。对受高温、干旱胁迫长势偏弱的麦田可增施植物生长调节剂，在收获前15天停止使用农药和生长调节剂。

杀菌剂可选用三唑酮、烯唑醇、戊唑醇、己唑醇、丙环唑、咪鲜胺、丙唑·戊唑醇等。杀虫剂可选用吡虫啉、啶虫脒、吡蚜酮、噻虫嗪、抗蚜威等。植物生长调节剂可选用氨基寡糖素、芸苔素内酯、赤·吲乙·芸苔等。

图46.21 小麦灌浆期

参考文献

白冬梅，赵吉平，刘金香，等，2006. 灰翅麦茎蜂的生物学特性及防治对策 [J]. 陕西农业科学
　（4）：99.

柴武高，牛乐华，2011. 河西走廊麦穗夜蛾发生规律及综合防治措施 [J]. 中国农技推广，27
　（10）：43-44.

陈付强，武春生，张云慧，等，2014. 小麦根茎新害虫：白眉野草螟的鉴定 [J]. 植物保护，40（5）：3.

彩万志，崔建新，刘国卿，等，2016. 河南昆虫志　半翅目　异翅亚目 [M]. 北京：科学出
　版社.

段国琪，张战备，张国强，等，2007. 棉蚜外寄生天敌：卵形异绒螨研究进展 [J]. 棉花学报，
　19（2）：145-150.

郭令仪，李明祥，马德平，1988. 麦叶蜂生物学特性初步观察 [J]. 昆虫知识，25（6）：
　332-333.

黄相国，王海庆，葛菊梅，等，2003. 灰翅麦茎蜂的生物学及其防治对策 [J]. 昆虫知识，40
　（6）：515-518.

姜京宇，许佑辉，周宵，等，2013. 瓦矛夜蛾危害及防治研究 [J]. 农业灾害研究，3（8）：
　1-2：52.

金祖荫，1981. 甘肃常见食蚜蝇初报 [J]. 甘肃农业科技，4：8-11.

康宁，胡正远，1982. 条沙叶蝉的初步观察 [J]. 新疆农业科学（3）：15-16.

李学燕，罗佑珍，2001. 农田常见食蚜蝇幼虫种类鉴定 [J]. 云南农业科技，2：8.

李亚傑，李赟鸣，薛才，1973. 苹毛金龟子的生活习性观察 [J]. 昆虫学报，16（1）：25-31.

刘崇乐，1963. 中国经济昆虫志　鞘翅目　瓢虫科 [M]. 北京：科学出版社：47-48.

刘立宏，2008. 赤须盲蝽在春玉米上的发生与防治 [J]. 河北农业（8）：32.

彭赫，张云慧，李祥瑞，等，2013.5 种杀虫剂对白眉野草螟的毒力测定和田间防效 [J]. 植物
　保护，39（6）：184-187.

祁永忠，1998. 麦穗夜蛾发生规律及防治技术 [J]. 青海农技推广，3：36.

邵宝，朱宝南，薛生和，1988. 浙江麦叶蜂的研究初报 [J]. 植物保护，14（3）：28-29.

申红利，陆建高，2003. 小麦皮蓟马在静海县发生危害较重 [J]. 天津农林科技（5）：25.

申洪利，陆建高，王秀英，2004. 浅析麦黑潜叶蝇的发生及防治 [J]. 北京农业（3）：20.

宋慧英，吴力游，陈国发，1986. 龟纹瓢虫的研究：形态及地理分布 [J]. 湖南农学院学报，2：29-36.

宋慧英，吴力游，陈国发，等，1988. 龟纹瓢虫生物学特性的研究 [J]. 昆虫天敌，10（1）：22-33.

谭娟杰，虞佩玉，李鸿兴，等，1980. 中国经济昆虫志（第18册）鞘翅目 叶甲总科（一）[M]. 北京：科学出版社.

谭文中，冯旭生，索彬业，等，1983. 甘蔗的大害：褐纹金针虫 [J]. 农业科技通讯，3：28.

汪兴鉴，陈小琳，2000. 潜蝇科常见有害属的分类鉴定 [J]. 植物保护，26（6）：14-18.

王海英，顾耘，邹明江，等，2013. 小麦新害虫：麦根茎草螟（Crambus sp.）在山东莱州的发生为害初报 [J]. 中国植保导刊，3：28-30.

王甦，张润志，张帆，2007. 异色瓢虫生物生态学研究进展 [J]. 应用生态学报，18（9）：2117-2126.

王永卫，张永和，董和祥，等，1982. 麦类负泥虫研究 [J]. 新疆农业科学，1：27-28.

魏新政，王惠卿，罗兰，等，2017. 新疆新发害虫麦茎蜂的形态特征及防控对策 [J]. 新疆农业科技，4：44.

吴秀花，CÁRCAMO A. HÉCTOR，庞保平，2016. 麦茎蜂研究进展 [J]. 植物保护，42（4）：18-26.

吴铱，彭中允，1954. 河南小麦沟金针虫的研究 [J]. 昆虫学报（2）：125-137.

相建业，朱象三，刘绍友，1996. 条沙叶蝉生物学与生态学研究 [J]. 植物保护学报，23（4）：327-332.

谢娜，周超，2017. 泰安地区苹毛丽金龟成虫对冬小麦为害初报 [J]. 吉林农业，19：80.

邢彩云，沙广乐，吴营昌，等，2004. 郑州市麦黑斑潜叶蝇的发生与防治 [J]. 河南农业科学（7）：90.

徐志宏，陈其瑚，1991. 麦类新害虫：浙江麦叶蜂 [J]. 昆虫知识，28（3）：137-138.

许传红，2007. 水稻负泥虫生物学特性及其防治 [J]. 北方水稻（1）：50.

杨寒丽，孙彦敏，2013. 农作物的新害虫斑大蚊的识别与防治 [J]. 河北农业（12）：32.

杨建国，王连英，1997. 赤须盲蝽在北京小麦上发生为害 [J]. 植保技术与推广（10）：41.

张慧杰，李建社，咸拴狮，1997. 卵形异绒螨的形态和生活史研究 [J]. 昆虫学报，40（3）：288-296.

张君明，王兵，虞国跃，2019. 斜斑鼓额食蚜蝇和黑带食蚜蝇各虫期形态描述 [J]. 蔬菜（12）：70–72.

张跃进，曹雅忠，雷仲仁，等，2004. 小麦潜叶蝇呈加重发生趋势 [J]. 植物保护，30（6）：88–89.

张治，张建明，1988. 麦叶灰潜蝇生物学及其防治方法 [J]. 昆虫知识，5：261–263.

张智，王玉明，谢爱婷，等，2014. 北京地区苹毛丽金龟成虫为害冬小麦初报 [J]. 植物保护，40（3）：213–214.

赵克思，2002. 麦管蓟马在济南仲宫麦田发生为害 [J]. 植保技术与推广，22（8）：37.

赵天璇，袁明龙，2017. 我国异色瓢虫的生物生态学特性 [J]. 草业科学，34（3）：614–629.

郑祥义，原国辉，1996. 麦田常见食蚜蝇幼虫的鉴别 [J]. 昆虫知识，33（4）：196–197.

中国科学院中国动物志编辑委员会，1999. 中国动物志　昆虫纲　第十六卷　鳞翅目夜蛾科 [M]. 北京：科学出版社：482.

中国科学院中国动物志编辑委员会，2004. 中国动物志　昆虫纲　第三十三卷　半翅目　盲蝽科　盲蝽亚科 [M]. 北京：科学出版社：648–650.

钟昀平，高建成，库力夏提，2006. 负泥虫对小麦的危害及综合防治方法 [J]. 新疆农业科技（4）：26.

ZHANG Z, BA T X, JIANG Y N, et al., 2021. Effects of Different Wheat Tissues on the Population Parameters of the Fall Armyworm (*Spodoptera frugiperda*) [J]. Agronomy, 11(10): 2044.